高等职业机电类专业规划教材

图样的识读与绘制

朱　勇　主　编

董丽华　罗建华　副主编

方林中　王长国　主　审

化学工业出版社

·北京·

本书包含 9 个项目，分别包括：基本体的绘制、组合体视图的识读与绘制、轴套类零件图的识读与绘制、盘盖类零件图的识读与绘制、叉架类零件图的识读与绘制、箱体类零件图的识读与绘制、装配图的识读与绘制、减速器装配体的测绘、图样绘制拓展和延伸。

本教材符合中高职贯通培养以及机电类、电子类专业对工程制图教学的基本要求，推荐学时为机电类 96～128（含测绘）或 64～96（不含测绘）、电子类 48～64。

图书在版编目（CIP）数据

图样的识读与绘制/朱勇主编. —北京：化学工业出
版社，2014.9（2022.1 重印）
高等职业机电类专业规划教材
ISBN 978-7-122-20973-3

Ⅰ.①图…　Ⅱ.①朱…　Ⅲ.①机械图-识别-教材
②机械制图-教材　Ⅳ.①TH126

中国版本图书馆 CIP 数据核字（2014）第 131552 号

责任编辑：廉　静　　　　　　　　　　　　文字编辑：张燕文
责任校对：王素芹　　　　　　　　　　　　装帧设计：王晓宇

出版发行：化学工业出版社（北京市东城区青年湖南街 13 号　邮政编码 100011）
印　　装：北京印刷集团有限责任公司
787mm×1092mm　1/16　印张 14¼　字数 347 千字　2022 年 1 月北京第 1 版第 4 次印刷

购书咨询：010-64518888　　　　　　　　　售后服务：010-64518899
网　　址：http://www.cip.com.cn
凡购买本书，如有缺损质量问题，本社销售中心负责调换。

定　　价：34.00 元　　　　　　　　　　　　　　版权所有　违者必究

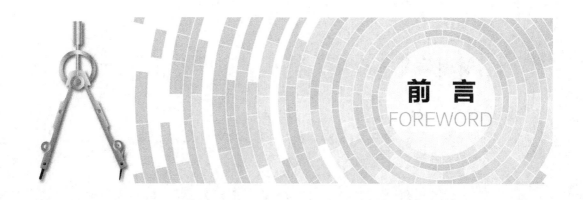

前　言
FOREWORD

　　根据职业技术教育的改革方向和培养目标，本教材从高职教育的教学特点和专业需要出发，采用项目引领、任务驱动、循序渐进、逐步提高、在学习中行动、在行动中学习的教学方法，充分重视读图和画图基本能力的培养，努力把学生培养成高端技能型技术人才。

　　本教材在教学设计和内容组织上具有如下特点：

　　① 本教材以实用为主、够用为度为基本原则，以强化应用、具备能力为教学目标，以熟练掌握国家技术标准以及典型零件、典型装配体的识读与绘制为教学重点，规范、有序地处理投影理论和工程图样、项目教学和职业标准的关系，力争学有实效、学有所用，努力为学生将来的工作和发展打下扎实的技术基础。

　　② 本教材采用现行较为先进、实用的项目教学法编写，在项目内容各知识点的编排上力求规范和统一，以使教师和学生尽快熟悉本教材的编写特点，尽可能地为教与学提供方便。在具体的教学过程中，适当介绍各种载体的用途、材料、加工等方面的内容以拓展学生的知识面，项目结果后以知识点梳理和回顾的形式对项目内容予以归纳和总结。

　　③ 本教材采用新版《技术制图》、《机械制图》国家标准，例如用 2007 年颁布实施的"GB/T 131—2006 表面结构表示法"代替"GB/T 131—1993 表面粗糙度"实施项目教学。

　　④ 本教材特设"减速器装配体的测绘"综合实训项目供机电类专业学生选用，以使学生对所学知识与技能融会贯通、巩固提高，并对工程设备产生浓厚兴趣。

　　⑤ 本教材以拓展形式将未编入重点项目的延伸制图内容集中汇编，方便教师和学生必要时查询和选用，另以附表形式摘录项目教学所需的各种国家技术标准以及常用材料的牌号和选用、常规热处理方法等。本教材附有与之配套的《图样的识读与绘制习题集》。

　　⑥ 本教材为适应现代教育技术的发展和实际教学的需要，特将与之配套的多媒体课件和教学资源（课程标准、教学大纲、教学计划、教案首页、习题答案、CAD 图样、项目考核表、意见反馈表）上传至 www.cipedu.com.cn，为教学工作的顺利展开提供方便。

　　本教材适用于中高职贯通培养以及机电类、电子类专业对工程制图教学的基本要求，推荐学时为机电类 96～128（含测绘）或 64～96（不含测绘），电子类 48～64。

　　本教材由上海电子信息职业技术学院朱勇任主编，董丽华、罗建华任副主编，赵春华、李露霞、隋宏艳、傅卫沁、张庆峰参加了编写工作，方林中、王长国任主审。虽然编者以多年的教学经验以及精益求精的职业态度、对工程实际的深入了解编写本书，但不尽完美之处在所难免，恳请各位师生批评指正（意见反馈表可从 www.cipedu.com.cn 查取，回信至20070470@stiei.edu.cn），以便及时调整与改进，谢谢！

编　者

2014 年 3 月

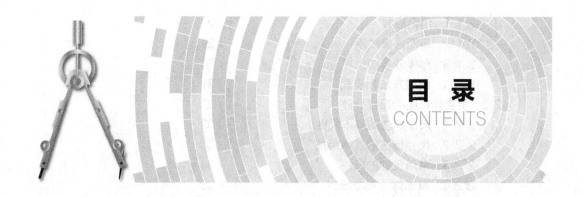

目 录
CONTENTS

项目3 ▶ 轴套类零件图的识读与绘制

项目4 ▶ 盘盖类零件图的识读与绘制

附录

参考文献

绪论

0.1 课程简介

工程图学是研究工程与产品信息表达、交流、传递的技术学问；工程图形是工程与产品信息的有效载体，是工程界共同的技术语言；工程图样是工程技术部门的重要技术文件，是联系设计者和加工者之间的重要技术桥梁。

针对高等职业技术教育培养高端技能型一线人才的需要，本课程注重项目教学与职业标准的有效对接，注重培养学生识读和绘制工程图样的能力以及在工程中的实际应用，为后续课程（如计算机绘图、机械结构分析与应用、数控加工能力训练、模具设计与制造）的学习奠定必要的技术基础，并为将来的工作和发展创造必要的技术条件。

项目教材《图样的识读与绘制》主要研究利用国家技术标准和正投影原理识读、绘制工程图样，它既有系统的制图理论作为知识准备，又有很强的实践操作满足企业需求。

0.2 课程设计

0.2.1 设计理念

本课程以"实用为主、够用为度、项目引领、循序渐进"为教学原则，本着"一切以学生为主体，一切以学生为中心"的教学理念，在项目教学中充分体现"教、学、做"一体化教学模式，一切教学均围绕学生将来的个人发展以及工作中的实际需要展开。

0.2.2 设计思路

本课程通过 8 个项目展开教学，分别是基本体的绘制、组合体视图的识读与绘制、轴套类零件图的识读与绘制、盘盖类零件图的识读与绘制、叉架类零件图的识读与绘制、箱体类零件图的识读与绘制、装配图的识读与绘制、减速器装配体的测绘。

项目 9 以拓展形式将未编入重点项目的延伸制图内容集中汇编，方便教师和学生需要时查询和选用。

（1）实用内容重点化

实用的内容重点讲、反复练，直至完全掌握，如各种典型零件的识读与绘制。另外，将传统教学中相对集中的知识点逐步、有序地插入到相关的项目教学中去，如"常用螺纹的绘制与标记"就将在项目3——调节套筒零件图的识读教学中予以重点介绍。

（2）典型零件主干化

以工程实际中应用非常广泛的四大典型零件（轴套类、盘盖类、叉架类、箱体类）作为主干教学内容，使 8 个项目之间的教学内容互相串联、有机整合，尽可能避免传统教学中各教学内容相对独立、分散的教学模式，即以典型零件带动教学，项目教学贯穿始终，从而达到以点带面、良性互动的教学目的。

（3）知识能力系统化

设置单级直齿圆柱齿轮减速器测绘实训，以使学生对所学知识与技能融会贯通、巩固提高，并对工程图样的识读与绘制以及工程设备产生浓厚兴趣。

（4）教学过程项目化

根据典型工作任务总结出职业能力要求，按照学习规律与职业成长规律将职业能力从简单到复杂、从单一到综合进行整合，归纳出相应的学习内容（知识准备）和行动内容（任务驱动），以行动为导向展开教学，让学生在学习和行动中掌握知识和能力。

0.2.3 项目设计

本课程以项目引领并细分任务具体实施教学过程、体现行动导向，并以典型零件带动项目教学，将知识学习融合在项目工作中，实现理论知识与实际应用的有效结合。

另外，在项目教学过程中（或结束后）将进行多次实训练习（读图、画图、测绘），并作为学生课程成绩考核的重要依据（过程考核）。

项目 1　基本体的绘制

教学要求：能运用国家标准、投影原理；能正确使用绘图工具；会判断空间点、直线、平面的位置；会分析基本体的类型、特点、投影；会绘制正交圆柱的表面交线。

教学重点：国家标准——有关图纸、比例、文字、图线的基本规定；

正投影法——投影特性、投影规律、投影面体系及展开；

空间点、线、面的投影——三面投影、投影特性和特征；

基本体的投影——定义、类型、棱柱和圆柱的投影作图；

正交圆柱的表面交线——积聚性、近似画法、特殊画法。

教学载体：基本体（棱柱体、圆柱体）。

项目 2　组合体视图的识读与绘制

教学要求：会分析零件图的作用与内容；能对组合体进行形体分析；能运用国家技术标准与正投影原理、形体分析法识读、绘制组合体视图；会识读正等测轴测图。

教学重点：形体分析法——识图、绘图、空间形体想象的基本方法；

组合体视图——组合方式、连接关系、识读与绘制的方法和步骤；

尺寸标注——基准的作用与确定，定形、定位、总体尺寸的含义和标注。

教学载体：组合体（支架、支座）。

项目 3　轴套类零件图的识读与绘制

教学要求：能分析轴套类零件的结构特点、具体用途；能采用合适的表达方案绘制视图；能合理确定基准标注尺寸；能标注技术要求；能识读和绘制轴套类零件图。

教学重点：常用表达方法——断面图与局部放大图的特点、应用、绘制方法；

标准件与常用件——螺纹的类型、要素、应用、标注、规定画法；

技术要求——极限与配合、形位公差、表面粗糙度的含义和标注；

轴套类零件的识读与绘制——视图表达、尺寸标注、技术要求、方法与步骤。

教学载体：从动轴、调节套筒。

项目 4　盘盖类零件图的识读与绘制

教学要求：能分析盘盖类零件的结构特点、具体用途；能采用合适的表达方案绘制视图；能合理确定基准标注尺寸；能标注技术要求；能识读和绘制盘盖类零件图。

教学重点：常用表达方法——局部视图、全剖视图的特点、应用、标注、绘制方法；

标准件与常用件——直齿圆柱齿轮、普通平键的参数、应用、标注以及规定画法，国家技术标准的查阅；

盘盖类零件的识读与绘制——视图表达、尺寸标注、技术要求、方法与步骤。

教学载体：圆柱齿轮、轴承盖。

项目 5　叉架类零件图的识读与绘制

教学要求：会分析叉架类零件的结构特点、具体用途；会采用合适的表达方案绘制视图；会合理确定基准标注尺寸；会标注技术要求；能识读和绘制叉架类零件图。

教学重点：常用表达方法——局部剖视图、简化画法的特点、应用、标注、绘制方法；

叉架类零件的识读与绘制——视图表达、尺寸标注、技术要求、方法与步骤。

教学载体：拨叉、滑动轴承（整体式）。

项目 6　箱体类零件图的识读与绘制

教学要求：会分析箱体类零件的结构特点、具体用途；会采用合适的表达方案绘制视图；会合理确定基准标注尺寸；会标注技术要求；能识读和绘制箱体类零件图。

教学重点：常用表达方法——半剖视图的特点、应用、标注、绘制方法、注意事项；

零件测绘——常用量具的读数原理、使用方法、应用场合，方法与步骤；

箱体类零件的识读与绘制——视图表达、尺寸标注、技术要求、方法与步骤。

教学载体：轴承座（滑动轴承）、泵体（齿轮泵）。

项目 7　装配图的识读与绘制

教学要求：能运用装配图的规定画法和特殊画法；会分析装配工艺结构与密封装置；会标注必要的尺寸和技术要求；能识读和绘制装配图。

教学重点：标准件与常用件——螺纹紧固件、滚动轴承的类型、结构、应用、标记以及规定画法，国家技术标准的查阅；

部件测绘——具体用途、工作原理、装配关系、零件分析、方法与步骤；

装配图的识读与绘制——视图表达、尺寸标注、技术要求、方法与步骤。

教学载体：滑动轴承（剖分式）、齿轮泵、典型传动装置。

项目 8　减速器装配体的测绘

教学要求：会分析减速器的工作原理、装配关系、主要零件的结构特征、相互位置；会绘制装配示意图、装配草图；能测绘主要零件并绘制零件草图；会绘制装配图、能绘制零件图；能通过测绘掌握正确、合理、有效的工作方式；能通过测绘培养积极的工作态度、正确的工作方式、良好的职业习惯。

教学重点：基本介绍——减速器装配体的工作原理、装配关系、结构特点；

测绘训练——测绘零件、绘制草图，掌握典型零件的表达方法；

绘制图样——减速器装配图、2张零件图（箱体、轴类或齿轮）。

教学载体：单级直齿圆柱齿轮减速器。

0.3　本课程的主要任务

① 正确、熟练地使用各种绘图仪器和工具，具有较强的绘图方法和能力。

② 运用正投影法的基本理论和方法，具备图解表达空间几何问题的能力。

③ 具备查阅技术标准以及零（部）件测绘、识读和绘制零件（装配）图的能力。

④ 具备认真负责的工作态度、耐心细致的工作作风、严谨规范的工作理念。

0.4　本课程的学习方法

① 本课程是一门既有较强理论性、又有很强实践性的职业技术基础课程，其核心内容就是将空间物体表达为平面图形、再由平面图形想象成空间物体的各种反复训练。有鉴于此，学习时应将物体的投影与形状紧密相连，不断地"见物思形"和"见形想物"，逐步掌握空间物体和平面图形的转化规律和空间想象能力，使固有的三维形态思维逐步提升到形象思维和抽象思维有机融合的境界。

② 必须正确处理读图和画图的关系。画图可以加深对图样内容和规律的理解和记忆，从而提高读图能力，即读图源于画图，而读图正是对画图的必要延伸和具体应用，两者相辅相成，互为依托，因此要读画结合，以画促读，多看、多画、多实践，学与练同步进行。

③ 在读图和画图的反复实践过程中，一方面是规律性的投影作图，另一方面是规范性的制图标准，因此不仅要熟练掌握空间物体与平面图形的对应关系、具有一定的空间想象能力以及识读和绘制工程图样的基本能力，还应熟悉并掌握《技术制图》、《机械制图》国家标准以及行业规定并严格执行，熟悉并掌握教学和工程所需的各种国家技术标准的查找方法，以使绘制的工程图样成为通用的、规范的技术文件。

项目 1
基本体的绘制

工程图学是研究工程与产品信息表达、交流、传递的技术学问，工程图样是工程技术人员表达设计思想、进行技术交流的技术工具，是工程界共同的技术语言。因此，掌握制图的基本知识与技能是画图和看图的重要技术基础，是实施项目教学必不可少的技术保证。

正投影法是图样识读与绘制的理论依据，也是本课程的核心内容，而空间点、直线、平面的投影是图样绘制的理论基础，有助于空间概念的初步形成。本项目将主要介绍国家技术标准的有关规定、三投影面体系的组成、空间点线面的投影、棱柱体和圆柱体的绘制、正交圆柱的表面交线，为后续项目教学的顺利开展做好必要的知识储备。

 ## 1.1 工程图样的基本规定

1.1.1 工程图样的作用和内容

根据国家标准的有关规定、运用基本投影原理具体表达工程对象（如零件、部件）的形状、大小和技术要求的图形称为工程图样（GB/T 17451—1998）。

工程图样是企业组织生产、制造零件和装配部件、机器的技术依据，是表达生产设计者设计意图的重要手段和表现形式，是工程技术人员进行技术交流的重要工具，是工程界共同的技术语言。现以工程中应用最广的零件图为例，具体说明工程图样的作用和内容。

（1）零件图的作用

由于机器或部件是由各种零件装配而成的，因此要制造机器或部件就必须制造零件。零件图是表达零件结构、大小以及技术要求的工程图样，是制造和检验零件的主要依据，是指导加工生产的重要技术文件。

图 1-1 所示的齿轮泵是机械传动系统中的供油装置，共由泵体 6、传动齿轮轴 3、齿轮轴 2、左端盖 1、右端盖 7、垫片 5、销 4、螺钉 15、压盖 9、压盖螺母 10 等 15 种零件组装而成，其中右端盖 7 的零件图如图 1-2 所示。

（2）零件图的内容

① 一组视图　用一组视图正确、完整、清晰、简便地表达零件的内、外形状和结构，其中包括机件的各种表达方法，如视图、剖视图、断面图、局部放大图和简化画法等。

② 尺寸标注　正确、完整、清晰、合理地根据选定的基准，标注制造和检验零件所需的全部尺寸。

③ 技术要求　用规定的代号、数字、字母和文字注解说明制造和检验零件时必须达到

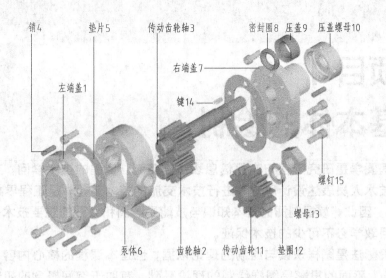

图 1-1　齿轮泵装配模型图

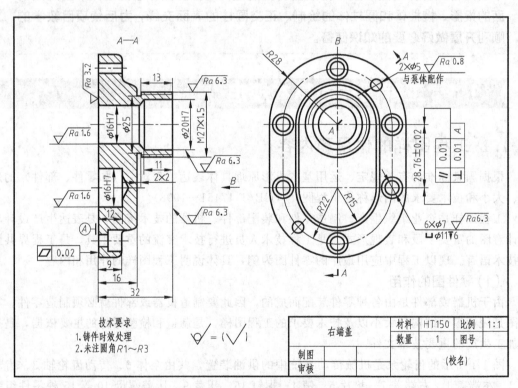

图 1-2　齿轮泵右端盖零件图

的各项技术指标和要求，如尺寸公差、形位公差、表面粗糙度、材料和热处理等。

④ 填标题栏　在标题栏中填写零件的名称、材料、数量、比例、图号以及姓名、日期等基本信息。

1.1.2　工程图样中的国家标准

为了正确识读和绘制工程图样，就必须熟悉和掌握有关标准和规定。《技术制图》

和《机械制图》国家标准是工程界重要的技术标准，是识读和绘制工程图样的准则和依据。

国家标准的代号是"GB"，简称国标。例如 GB/T 131—2006，其中的"GB/T"为推荐性国标，"131"为发布顺序号，"2006"为年份。

（1）图纸幅面和图框格式（GB/T 14689—2008）

图纸幅面是图纸的边界所围成的区域，简称图幅，其代号为 A0、A1、A2、A3、A4。其中 A0 的绘图面积最大，A4 最小，相邻代号成面积的倍数关系，如图 1-3 所示。

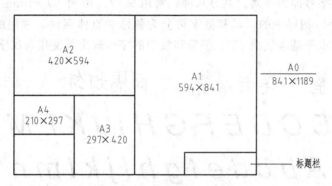

图 1-3　图纸幅面的尺寸关系

图框格式是图纸的绘图区域，简称图框，用粗实线表示。图框内可表达工程零件的各种视图、尺寸、技术要求、标题栏等内容。

图框格式的右下方是标题栏（GB/T 10609.1—2008），可具体说明机件的名称、材料、比例、数量、图号、制图者的姓名等基本信息。标题栏的位置应与看图的方向一致。

（2）比例（GB/T 14690—1993）

比例是指图样中图形与其实物相应要素的线性尺寸之比。比例一般标注于标题栏的比例项内，但局部放大图的比例应标注于视图的正上方。

选择比例时应尽可能采用 1∶1 原值比例，以便于空间想象机件的实际大小。另外，图样中标注的尺寸均为机件的实际加工尺寸，与所采用的比例无关，如图 1-4 所示。

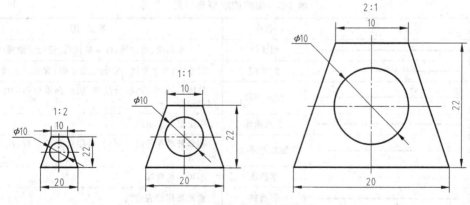

图 1-4　不同比例绘制的图形

一般情况下，同一机件、不同视图在具体的绘制过程中应采用相同的比例。绘制工程图样时的常用比例可从表 1-1 中查取。

表1-1　常用比例

种　类	比　　　例
原值比例	1∶1
放大比例	2∶1　2.5∶1　4∶1　5∶1　10∶1
缩小比例	1∶1.5　1∶2　1∶2.5　1∶3　1∶4　1∶5

（3）字体（GB/T 14691—1993）

① 汉字　图样中的汉字一般采用长仿宋体，具体要求是：字体工整、笔画清楚、间隔均匀、排列整齐。字号即为字高，共分八种，常用5、7、10号（$h=5mm$、$7mm$、$10mm$）。

② 字母和数字　图样中的字母和数字可分为斜体和直体两种，常用的是斜体。斜体字字头向右倾斜，与水平基准线成75°。字母和数字的字号规定及使用与汉字相同。

字体工整　　笔画清楚　　间隔均匀　　排列整齐

A B C D E F G H I J K L M N

A b c d e f g h I j k l m n

0 1 2 3 4 5 6 7 8 9

Ⅰ Ⅱ Ⅲ Ⅳ Ⅴ Ⅵ Ⅶ Ⅷ Ⅸ Ⅹ Ⅺ Ⅻ

（4）图线（GB/T 17450—1998、GB/T 4457.4—2002）

绘图时应采用国家标准规定的图线型式和画法。图线分为粗、细两种。粗线的宽度b应按照图形的大小以及复杂程度确定，一般在$0.3\sim2mm$之间选择，细线的宽度约为$b/3$。

图线宽度的推荐系列为：0.18、0.25、0.35、0.5、0.7、1.0、1.4、2（单位：mm）。粗实线的宽度一般以0.5mm为宜，细实线的宽度在$0.18\sim0.25mm$之间。

图线的名称、线型、基本用途见表1-2，应用示例如图1-5所示。

表1-2　图线的线型与应用

序号	线　型	名称	一　般　应　用
1	——————	粗实线	可见轮廓线、相贯线、螺纹牙顶线、齿轮齿顶圆（线）等
2	——————	细实线	尺寸线、尺寸界线、剖面线、指引线、螺纹牙底线等
3	— · — · —	细点画线	轴线、对称中心线、分度圆（线）、孔系分布的中心线、剖切线等
4	— · — · —	粗点画线	限定范围表示线
5	— ·· — ·· —	细双点画线	相邻辅助零件的轮廓线、极限位置轮廓线、成形前轮廓线等
6	- - - - - -	细虚线	不可见轮廓线
7	■ ■ ■ ■ ■ ■	粗虚线	表面处理的表示线
8	∿	波浪线	断裂处边界线、视图与剖视图的分界线
9	─╱╲╱─	双折线	断裂处边界线、视图与剖视图的分界线

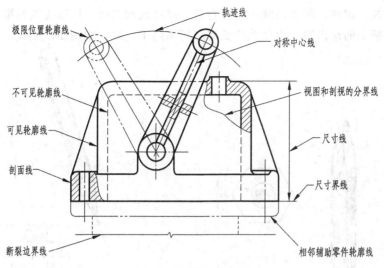

图 1-5 各类图线的运用

注意

　　同一图样中，同类图线的宽度应基本一致，虚线、细点画线的线段长度和间隔应大致相同。绘制虚线、细点画线时，线和线的相交处应为线段相交。虚线是粗实线的延长线时，在两种线型的分界处要留空隙。细点画线超出轮廓线的长度约为 3~5mm。当要绘制的点画线长度较短时（如 $\phi \leqslant 10mm$ 时圆的轴线）可用细实线代替。

1.1.3 绘图仪器和工具

（1）三角板

　　三角板可分为 45° 三角板和 30°、60° 三角板两种形状。两块三角板配合使用则能画出与水平成 15°、75°、105° 和 165° 的倾斜线，如图 1-6 所示。

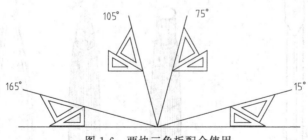

图 1-6 两块三角板配合使用

（2）绘图铅笔

　　绘图铅笔的常用代号为 B、H，表示铅芯的软硬程度。绘图时，通常用 H 或 2H 铅笔绘制底稿（细实线），用 B 或 HB 铅笔加粗、描深全图（粗实线），写字时一般采用 HB 铅笔。

　　粗实线是图样中应用最多、作用最大的图线。为使粗实线画得均匀整齐，关键是正确修磨和使用铅笔。具体方法如下。

　　将铅芯修磨成扁铲形，使用时用矩形的短棱和纸面接触，长方体铅芯的宽侧面和三角板的导向棱面贴紧。绘图时用力要均匀，速度要慢。可反向运笔 1~2 次，以使图线的颜色、粗细基本一致，如图 1-7 所示。

绘制细实线、虚线、细点画线时，可将铅芯修磨成圆锥形。绘制虚线和细点画线时，初学者可数三角板上的毫米数，以使线段长度和间隔趋于一致，如图1-8所示。

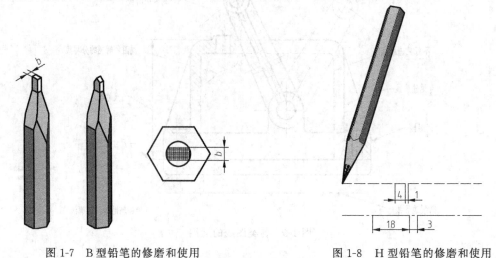

图1-7 B型铅笔的修磨和使用　　　　图1-8 H型铅笔的修磨和使用

（3）圆规和分规

圆规的主要作用是画圆和圆弧，必要时也可代替分规量取线段长度。圆规使用前应先调整针脚的长度，使针尖略长于铅芯。分规主要用来等分和量取线段，其两个脚尖并拢后必须对齐。圆规和分规的基本形状和组成如图1-9所示。

画圆或圆弧时圆规应向前进方向（通常为顺时针方向）微微倾斜，用力尽可能均匀，速度要慢。画粗实线圆所用的铅芯推荐采用B型，并修磨成图1-10所示的楔形，铅芯的侧棱和纸面均匀接触，以便画出粗细均匀的圆或圆弧。必要时可将圆规反向回转1～2次，以使画出的图线颜色、粗细基本一致。画直径较大的圆时，圆规的两脚应尽可能与图面垂直。

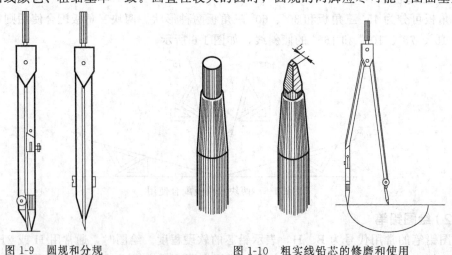

图1-9 圆规和分规　　　　　图1-10 粗实线铅芯的修磨和使用

1.2 投影法基本知识

绘制工程图样的基本方法称为正投影法，可根据GB/T 14692—2008《技术制图 投影法》绘制。正投影法是图样绘制的理论基础，也是本课程的核心内容。

1.2.1 正投影法

当太阳光照射物体时，在地面或墙壁上就会出现物体的影子，这就是一种投影现象。把光线称为投射线，地面或墙壁称为投影面，影子就称为物体在投影面上的投影。当投射线互相平行并与投影面垂直时，即可称为正投影法，如图 1-11 所示。

正投影法能真实反映物体的形状和大小，便于空间想象，画图时比较简单、直观，所以广泛应用于工程图样的绘制。利用正投影法画出的物体图形称为视图。

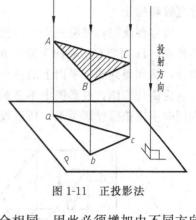

图 1-11 正投影法

1.2.2 三投影面体系

一般情况下，仅采用一个视图并不能完全反映空间物体的真实形状，如图 1-12 所示的不同物体的正面投影就完全相同。因此必须增加由不同方向投影所得到的多个视图，每个视图均有表达重点并相互补充，才能真正反映物体的全部形状。

三投影面体系由三个互相垂直的投影面所组成，各投影面的名称和字母代号如下：正立投影面简称正面，用字母 V 表示；水平投影面简称水平面，用字母 H 表示；侧立投影面简称侧面，用字母 W 表示。

上述三个投影面的交线称为投影轴，分别代表物体不同方向的尺寸变化：OX 轴是 V 面和 H 面的交线，代表长度方向，分别表示左、右两个方位；OY 轴是 H 面和 W 面的交线，代表宽度方向，分别表示前、后两个方位；OZ 轴是 V 面和 W 面的交线，代表高度方向，分别表示上、下两个方位。物体的空间位置由三个方向、六个方位确定。

三根投影轴的交点 O 称为投影轴的原点。三投影面体系如图 1-13 所示。

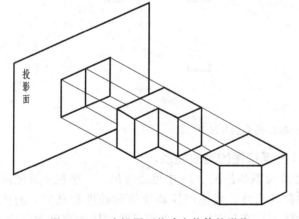

图 1-12 一个视图不能确定物体的形状

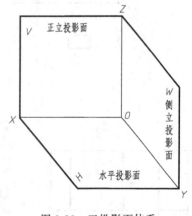

图 1-13 三投影面体系

1.2.3 三视图的画法

（1）三视图的形成

将物体放在三投影面体系中向各个投影面投影即可得到三个视图，从而全面反映物体三个方向的尺寸以及六个方位的具体形状，如图 1-14（a）所示。

　　将物体从前往后进行投影，在正立投影面（V 面）上得到的视图称为主视图；从上往下进行投影，在水平投影面（H 面）上得到的视图称为俯视图；从左往右进行投影，在侧立投影面（W 面）上得到的视图称为左视图。由于三个视图的位置固定不变，因此视图的名称可省略标注。

　　为方便画图，可将三个基本投影面展开，如图 1-14（b）所示。具体方法是：V 面作为基准面，H 面绕 OX 轴向下旋转 90°，W 面绕 OZ 轴向右旋转 90°，H 面和 W 面分别与 V 面重合，从而得到同一平面上的三个视图。

　　为简化作图，投影图中不必画出投影面的边框，如图 1-14（c）所示。另外，由于画三视图时主要依据投影关系，所以投影轴也可以进一步省略，如图 1-14（d）所示。

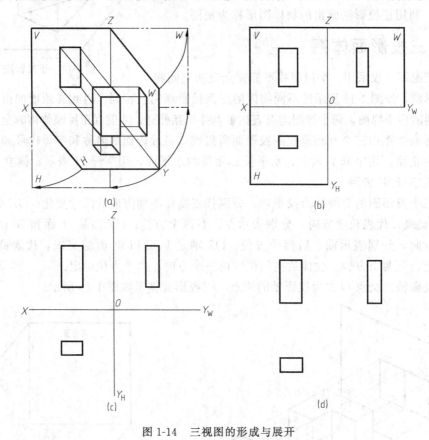

图 1-14　三视图的形成与展开

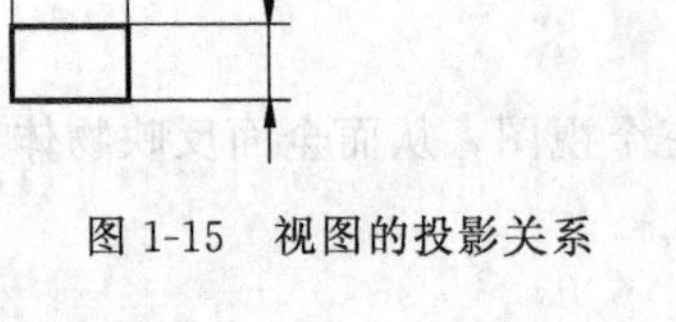

（2）三面视图的对应关系

　　① 投影关系　从图 1-15 中可以看出，一个视图只能反映两个方向的尺寸：主视图反映物体的长度和高度，俯视图反映物体的长度和宽度，左视图反映物体的宽度和高度，由此可归纳出三视图的尺寸对应关系（即投影关系或投影规律）：主、俯视图"长对正"（即等长）；主、左视图"高平齐"（即等高）；俯、左视图"宽相等"（即等宽）。

　　三视图的投影规律反映了三视图的重要特性，是读图和画图的主要依据。任何物体无论是其整体还是局部，其三面投影都必须符合这一规律。

图 1-15　视图的投影关系

② 方位关系　如图 1-16（a）所示，物体有长、宽、高三个方向，有左右、前后、上下六个方位。它们在三视图中的对应关系如图 1-16（b）所示。

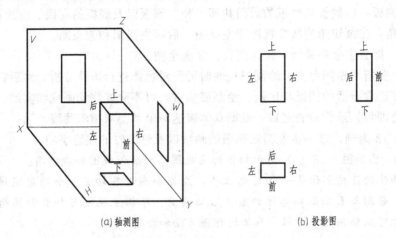

(a) 轴测图　　　　　(b) 投影图

图 1-16　视图的方位关系

其中，主视图反映物体左右、上下四个方位；俯视图反映物体左右、前后四个方位；左视图反映物体前后、上下四个方位。另外，以主视图为中心，俯视图、左视图靠近主视图的一侧为物体的后面，远离主视图的一侧为物体的前面，即"里后外前"。

（3）三视图的画法

根据物体（或轴测图）画三视图时，首先应根据物体的主要形状特征选择主视图的投射方向，并使物体的主要表面与相应的投影面平行；然后布置视图，根据投影规律逐一画出各个基本体的投影，注意三个视图必须同步画；最后检查描深，完成三视图。

三视图的作图方法和步骤如图 1-17 所示。

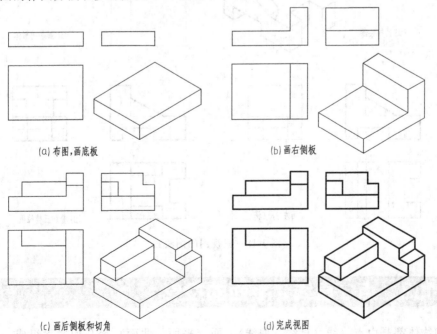

(a) 布图，画底板　　　　　(b) 画右侧板

(c) 画后侧板和切角　　　　　(d) 完成视图

图 1-17　三视图的画法一

① 画底板：首先在合适位置上布置视图，然后先画俯视图，再画主、左视图。

② 画右侧板：右侧板与底板的前面、后面、右面共面，因此这三处都无交线。

③ 画后侧板：后侧板与底板的后面共面，和右侧板以及底板的左面、前面不共面。

④ 画切角：先画切角的特征视图即左视图，后画主视图和俯视图。

⑤ 检查、擦去多余底稿线，描深图线，完成全图。

通过以上分析与作图可知，绘制三视图时可先对物体进行形体分析，然后根据形体的大小和复杂程度选取合适的图纸与比例。绘制底稿时，可不分线型均画成细实线，其深浅只要使绘图者看清即可。最后检查底稿，根据具体表达对象和要求描深图线。

现以图 1-18 为例，进一步说明三视图的画法以及绘图时的注意事项。

【例 1-1】 已知图 1-18（a）所示物体的主视图，补画俯视图和左视图。

分析：物体的基础形体是一个 L 形立体，左侧和底部各切去一个矩形通槽，再叠加两个三棱柱板，分别与 L 形基础形体的前、后面共面。根据主视图可知长和高两个方向的尺寸，宽度尺寸可从轴测图中量取。具体的作图方法和步骤如下。

① 绘制 L 形基础形体的俯视图和左视图。高度和长度尺寸与主视图对齐，宽度尺寸可从轴测图中量取，如图 1-18（b）所示。

② 绘制左侧和下部矩形通槽的三面投影。左侧通槽先画俯视图，注意不可见轮廓的虚线表达，如图 1-18（c）所示。

③ 绘制前、后对称的两个三棱柱板的三面投影，如图 1-18（d）所示。

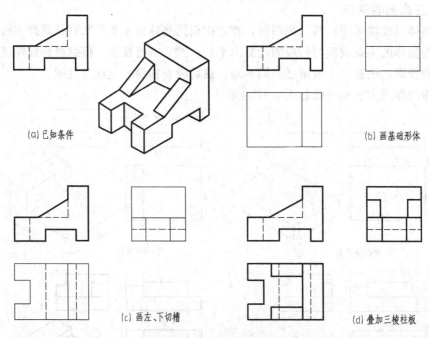

(a) 已知条件   (b) 画基础形体

(c) 画左、下切槽   (d) 叠加三棱柱板

图 1-18 三视图的画法二

1.3 点、直线、平面的投影

任何物体都是由点、线（直线、曲线）、面（平面、曲面）等几何元素组成，由此构成机械零件的三要素，如图 1-19 所示的三棱锥就是由顶点 S、底面 $\triangle ABC$ 以及棱线 SA、SB、

SC 等四个点、四个面、六条线组成。绘制三棱锥的三视图，实际上就是画出构成其表面的各个点、直线和平面的投影。

空间点、线、面是构成物体形状的基本元素，因此掌握其投影特性和作图方法十分重要，它是空间物体形体分析、视图表达的理论基础，同时有助于空间概念的初步形成。

本项目将重点介绍空间点、直线、平面的三面投影以及作图方法，以此作为基本体、组合体视图绘制的知识准备。

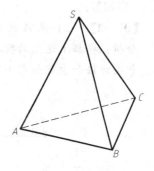

图 1-19 正三棱锥

1.3.1 点的投影

假设有一空间点 A 分别向 V 面、H 面、W 面作垂线，得到三个垂足：正面投影 a'、水平投影 a、侧面投影 a''，即为点 A 在三个投影面上的投影，如图 1-20（a）所示。

根据三面投影图的形成规律将其展开并省略投影面的边框线，就可得到图 1-20（b）所示的空间点 A 的三面投影。

规定：空间点用大写字母表示（A），正面投影用相应的小写字母加"'"表示（a'），水平投影用相应的小写字母表示（a），侧面投影用相应的小写字母加"''"表示（a''）。

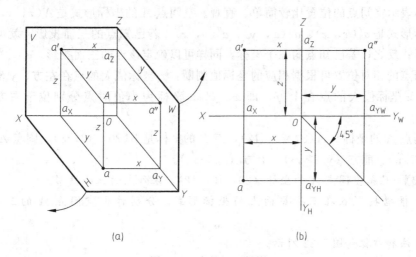

(a)   (b)

图 1-20 点的三面投影

（1）点的投影规律

由图 1-20（a）所示，Aa'、Aa、Aa'' 分别为空间点 A 到 V、H、W 面的距离，即：

$Aa' = aa_X = a''a_Z$，反映空间点 A 到 V 面的距离；

$Aa = a'a_X = a''a_Y$，反映空间点 A 到 H 面的距离；

$Aa'' = a'a_Z = aa_Y$，反映空间点 A 到 W 面的距离。

上述即点的投影与点的空间位置之间的关系。根据这个关系，若已知点的空间位置就可画出点的投影；反之，若已知点的投影就可确定点在空间的位置。

（2）点的投影特征

① 点的正面投影和水平投影的连线垂直于 OX 轴，即 $a'a \perp OX$（长对正）；

② 点的正面投影和侧面投影的连线垂直于 OZ 轴，即 $a'a'' \perp OZ$（高平齐）；

③ 点的水平投影 a 到 OX 轴的垂直距离等于侧面投影 a'' 到 OZ 轴的垂直距离，即：$aa_X =$

$a''a_Z$（宽相等）。

【例1-2】 已知点 A 的正面投影 a' 和侧面投影 a''，求作其水平投影 a。

分析：根据上述点的投影规律和特征，利用 $45°$ 辅助线，即可作出点的水平投影 a。

作图方法和步骤如图1-21所示。

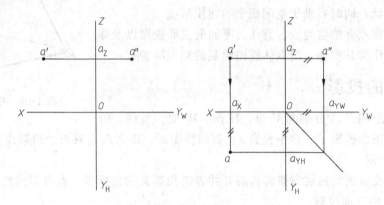

图1-21 已知点的两面投影求第三投影

（3）两点的相对位置

用坐标表示空间点的位置比较简单、直观。空间点 A 的坐标形式是 $A(x，y，z)$，其投影点的坐标形式是 $a'(x，z)$、$a(x，y)$、$a''(y，z)$。若已知点的三面投影，就可确定该点的三个坐标；反之，若已知点的三个坐标，同样可以确定该点的三面投影。

空间两点的相对位置可根据相应的坐标值判断：x 坐标值大的点在左方、y 坐标值大的点在前方、z 坐标值大的点在上方，即 x、y、z 坐标为小值时点分别位于右方、后方和下方。

如空间点 A 的坐标是 $A(8，20，12)$，点 B 的坐标是 $B(20，12，8)$，则点 A 在点 B 的右方（$x_A < x_B$）、前方（$y_A > y_B$）、上方（$z_A > z_B$）。

【例1-3】 已知空间点 A 的坐标 $(20，10，18)$，求作点的三面投影。

分析：根据投影点在三投影面上的坐标形式，分别作出空间点 A 的三面投影 a'、a、a''。

作图方法和步骤如图1-22所示。

（4）重影点

空间两点在某一投影面上的投影重合，这两点就是该投影面上的重影点。重影点又可称为不可见点、积聚点。不可见的投影点（重影点）加括号表示，如图1-23所示的 (d)。

判断方法：空间两点的某两个坐标相同，并在同一投射线上。具体是：从前往后观察，y 坐标值小的投影点为 V 面的重影点；从上往下观察，z 坐标值小的投影点为 H 面的重影点；从左往右观察，x 坐标值小的投影点为 W 面的重影点。

1.3.2 直线的投影

（1）投影特性

① 真实性：直线与投影面平行，直线在该投影面上的投影即为实长。

② 积聚性：直线与投影面垂直，直线在该投影面上的投影积聚成点。

③ 类似性：直线与投影面倾斜，直线在该投影面上的投影小于实长。

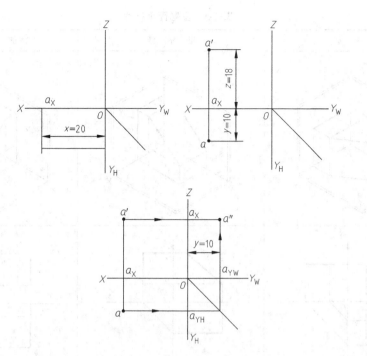

图 1-22　由点的坐标作点的三面投影

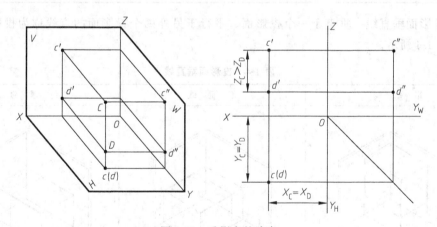

图 1-23　重影点的确定

（2）各种位置直线的投影

根据空间直线在三投影面体系中的位置，直线的投影可分为投影面平行线、投影面垂直线、投影面倾斜线三类。前两类称为特殊位置直线，后一类称为一般位置直线。

① 投影面平行线　平行于一个投影面、倾斜于另外两个投影面的直线称为投影面平行线，如表 1-3 所示。

投影说明：正平线平行于 V 面、倾斜于 H、W 面；水平线平行于 H 面、倾斜于 V、W 面；侧平线平行于 W 面、倾斜于 V、H 面。

投影特征：两平一斜。即当直线的两个投影平行于投影轴、第三投影与投影轴倾斜时（反映实长），则该直线一定是投影面平行线，且一定平行于其投影为倾斜线的那个投影面。

表 1-3 投影面平行线

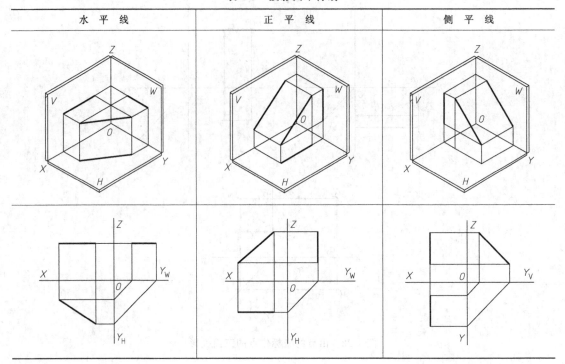

水 平 线	正 平 线	侧 平 线

② 投影面垂直线 垂直于一个投影面、平行于另外两个投影面的直线称为投影面垂直线，如表 1-4 所示。

表 1-4 投影面垂直线

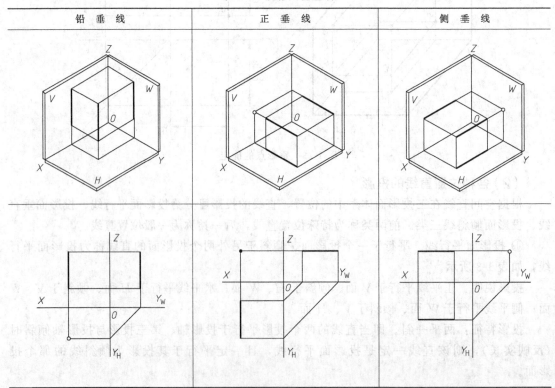

铅 垂 线	正 垂 线	侧 垂 线

投影说明：正垂线垂直于 V 面、平行于 H、W 面；铅垂线垂直于 H 面、平行于 V、W 面；侧垂线垂直于 W 面、平行于 V、H 面。

投影特征：两线一点。即当直线的投影中只要有一个投影积聚成点，则该直线一定是投影面垂直线，且一定垂直于其投影积聚为点的那个投影面，另两个投影面的投影反映实长。

③ 一般位置直线　与三个投影面都处于倾斜位置的直线称为一般位置直线，如图 1-24 所示。

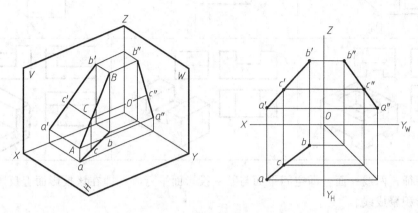

图 1-24　一般位置直线

1.3.3 平面的投影

（1）投影特性

① 真实性：平面与投影面平行，平面在该投影面上的投影即为实形。

② 积聚性：平面与投影面垂直，平面在该投影面上的投影积聚成线。

③ 类似性：平面与投影面倾斜，平面在该投影面上的投影小于实形。

（2）各种位置平面的投影

根据空间平面在三投影面体系中的位置，平面的投影可分为投影面平行面、投影面垂直面、投影面倾斜面三类。前两类称为特殊位置平面，后一类称为一般位置平面。

① 投影面平行面　平行于一个投影面、垂直于另外两个投影面的平面称为投影面平行面，如表 1-5 所示。

投影说明：正平面平行于 V 面、垂直于 H、W 面；水平面平行于 H 面、垂直于 V、W 面；侧平面平行于 W 面、垂直于 V、H 面。

表 1-5　投影面平行面

水 平 面	正 平 面	侧 平 面

续表

水 平 面	正 平 面	侧 平 面

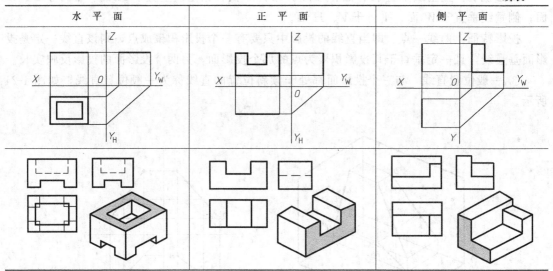

投影特征：两线一面。即空间平面与某一投影面平行时，即在该投影面上反映实形，另两面的投影积聚成线。

② 投影面垂直面　垂直于一个投影面、倾斜于另外两个投影面的平面称为投影面垂直面，如表 1-6 所示。

表 1-6　投影面垂直面

正 垂 面	铅 垂 面	侧 垂 面

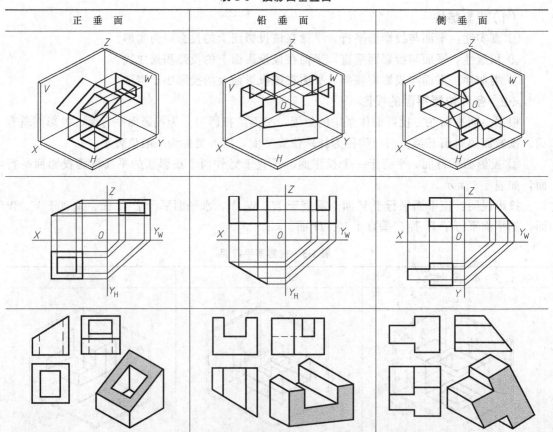

投影说明：正垂面垂直于 V 面、倾斜于 H、W 面；铅垂面垂直于 H 面、倾斜于 V、W 面；侧垂面垂直于 W 面、倾斜于 V、H 面。

投影特征：两面一线。即空间平面与某一投影面垂直时，即在该投影面上积聚成线，另两面的投影为类似形。

③ 一般位置平面　与三个投影面都处于倾斜位置的平面称为一般位置平面，如图 1-25 所示。

投影说明：一般位置平面的三面投影既不积聚成线、又不反映实形，均为类似形平面。

【例 1-4】　如图 1-26（a）所示，已知四边形 $ABCD$ 在 H 面的投影 $abcd$ 和空间 B 点的 V 面投影 b'，四边形垂直于 V 面，与 H 面的倾角 $\alpha = 45°$，求作该平面 V 面和 W 面的投影。

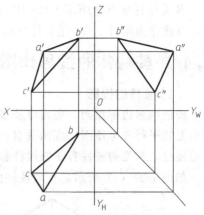

图 1-25　一般位置平面

作图方法和步骤如下。

① 四边形 $ABCD$ 为正垂面，所以在 V 面上积聚成线。又因其与 H 面夹角为 45°，故有多解，现设为图 1-26（b）所示的位置。

② 根据投影规律，在 V 面上依次作出 a'、c'、d' 以及各点在 W 面上的投影，并按对应关系连接成线，即为类似形四边形 $a''b''c''d''$，如图 1-26（c）所示。

结论：通过此例可知，在求解此类题目时必须掌握空间点、直线、平面的各种类型和含义，注意运用其投影特征和投影规律（长对正，高平齐，宽相等）。

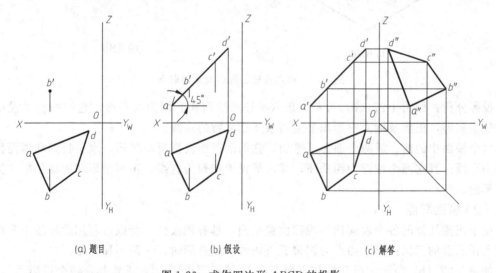

(a) 题目　　　　　　　(b) 假设　　　　　　　(c) 解答

图 1-26　求作四边形 $ABCD$ 的投影

1.4　基本体的投影与表面交线

基本体是工程零件中最原始的形体单元。根据各组成表面形状的不同，基本体又可分为平面体和曲面体两种。平面体指的是立体表面全部由平面组成，如棱柱和棱锥；曲面体指的是立体表面全部由曲面或平面＋曲面组成，如圆柱、圆锥、圆球和圆环。

本项目将重点介绍基本体中应用最广的棱柱和圆柱的投影作图以及正交圆柱的表面交线，以此作为项目 2——组合体视图的识读与绘制的知识准备。

1.4.1 棱柱体的投影作图

（1）棱柱的投影

棱柱由多边形顶面、底面以及多个矩形棱面组成。棱面与棱面的交线称为棱线，棱线与棱线互相平行并与顶面、底面垂直。多边形边长相等的棱柱称为正棱柱，并用棱线的条数来区分棱柱，常见的棱柱有正四棱柱和正六棱柱。

如图 1-27 （a） 所示，正六棱柱由正六边形的顶面、底面以及六个矩形棱面所组成。

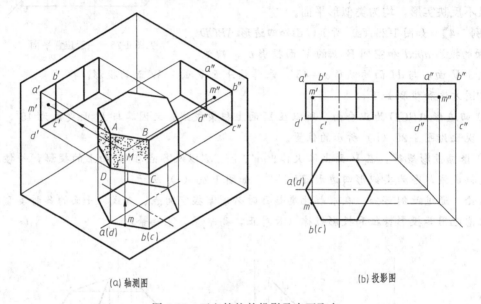

(a) 轴测图　　　　　　　　(b) 投影图

图 1-27　正六棱柱的投影及表面取点

投影分析：如图 1-27 （b） 所示，正六棱柱的顶面和底面为水平面，它们的水平投影重合并反映实形，正面及侧面投影积聚为两条互相平行的直线。

六个棱面中的前、后两个面为正平面，它们的正面投影反映实形，水平投影和侧面投影积聚为直线。其它四个棱面为铅垂面，其水平投影积聚为直线，正面投影和侧面投影均为类似形平面。

（2）表面取点

由于正棱柱体的各个表面均为特殊位置平面，具有积聚性，所以可利用此性质求取棱柱表面上任意点的三面投影。当点与积聚成直线的平面重影时，一般不加括号。

如图 1-27 （b） 所示，已知棱柱表面上点 M 的正面投影 m'，求作其余两个投影。

分析：因为 m' 可见，所以点 M 一定在棱面 $ABCD$ 上。此棱面是铅垂面，其水平投影积聚成一直线，故点 M 的水平投影 m 一定在此直线上，再根据 m、m' 可求出 m''。由于 $ABCD$ 的侧面投影为可见，故 m'' 也可见（不加括号）。

1.4.2 圆柱体的投影作图

（1）圆柱的投影

如图 1-28 （a） 所示，圆柱表面由两个等直径的圆形平面以及圆柱面所组成。圆柱面可

看作是一条直母线 AB 围绕与它平行的中心轴线 OO_1 回转而成。圆柱面上任意一条平行于轴线的直线称为圆柱面的素线。

投影分析：如图 1-28（b）所示，圆柱轴线垂直于侧面，因此侧面投影积聚为圆。圆柱左、右两个端面的侧面投影反映圆的实形并重合。

圆柱面的正面投影为矩形，是圆柱面前半部分与后半部分的重合投影，两边的轮廓线分别为左、右两个端面的积聚性投影。

根据圆柱与三投影面的位置关系，其转向轮廓素线可分为最左、最右转向轮廓素线，最前、最后转向轮廓素线，最上、最下转向轮廓素线。

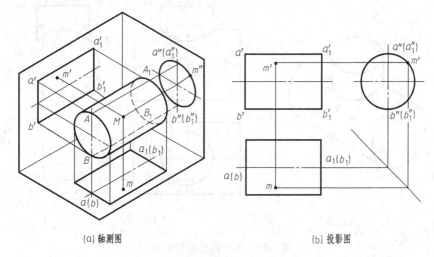

(a) 轴测图　　　　　　　　　　　(b) 投影图

图 1-28　圆柱的投影以及表面取点

以图 1-28 为例：最上、最下两条素线 AA_1、BB_1 是圆柱面由前往后的转向线，$a'a'_1$、$b'b'_1$ 分别是 AA_1、BB_1 的正面投影，是可见的前半圆柱面和不可见的后半圆柱面的分界线，又可称为正面投影的最上、最下转向轮廓素线。

（2）表面取点

一般在绘制圆柱的投影时，常使它的轴线垂直于某个基本投影面以反映实形，因此圆柱的两个圆平面以及圆柱面至少有一个投影具有积聚性，所以可利用此性质求取圆柱表面上任意点的三面投影。

如图 1-28（b）所示，已知圆柱面上点 M 的正面投影 m'，求作点 M 的其余两个投影。

分析：因为圆柱面的投影具有积聚性，所以圆柱面上点的侧面投影一定重影在圆柱面的积聚圆上。又因为 m' 可见，所以空间点 M 一定在前半圆柱面上，按照投影规律通过 m' 求出 m''，再根据 m'、m'' 求出 m。

1.4.3　正交圆柱的表面交线

（1）相贯线的投影作图

两回转体相交（相贯），接触表面形成的交线称为相贯线。相贯线一般为空间曲线。工程中最常见的相贯线是两个圆柱正交后产生的表面交线，如图 1-29（a）所示。

分析：两圆柱体的轴线正交，且分别垂直于水平面和侧面。相贯线在水平面上的投影积聚在小圆柱的水平投影上，在侧面上的投影积聚在大圆柱的侧面投影上，因此只需根据圆柱的积聚性求作相贯线的正面投影即可。

正交圆柱相贯线的作图方法和步骤如图 1-29（b）所示。

① 确定特殊点：在铅垂圆柱水平投影的象限点上分别确定特殊点 1、3、5、7，并根据正交圆柱的投影特点通过其侧面投影作出正面投影 1′、3′、5′、7′。

② 补充一般点：在水平圆的合适位置补充一般点（辅助点）2、4、6、8，同时根据投影规律以及圆柱的积聚性通过其侧面投影作出正面投影 2′、4′、6′、8′。

③ 光滑连接：根据各点的相对位置光滑连接特殊点和一般点，判断可见性。

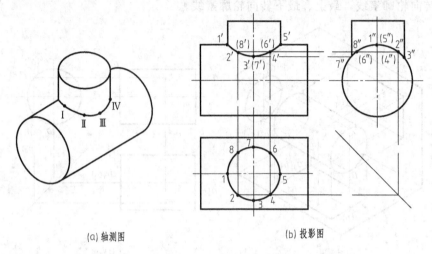

(a) 轴测图　　　　　(b) 投影图

图 1-29　正交圆柱的相贯线

（2）相贯线的近似画法

当两圆柱正交且圆柱直径的差值较大时，可采用以大圆柱的半径 R（$R=D/2$）作弧代替相贯线的近似画法。必须注意的是，相贯线总是向大圆柱的轴线方向弯曲。

作图方法和步骤如图 1-30 所示。

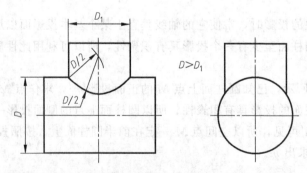

图 1-30　相贯线的近似画法

（3）相贯线的特殊画法

① 当曲面体具有公共轴线时，相贯线为与轴线垂直的圆，如图 1-31 所示。

② 当相交圆柱的轴线平行时，相贯线为两条平行直线（素线），如图 1-32 所示。

③ 当正交圆柱的直径相等时，相贯线为大小相等的两个椭圆（投影为通过两轴线交点的直线），如图 1-33 所示。

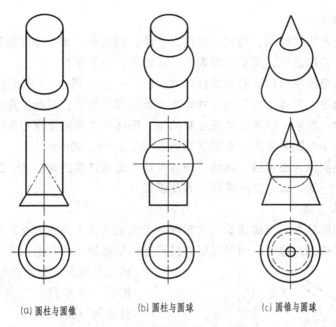

(a) 圆柱与圆锥　　　(b) 圆柱与圆球　　　(c) 圆锥与圆球

图 1-31　两个同轴回转体的相贯线

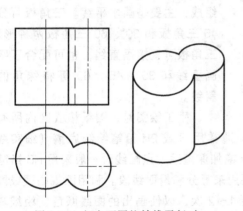

图 1-32　相交两圆柱轴线平行时

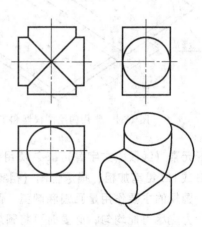

图 1-33　正交两圆柱直径相等时

知识点梳理和回顾

国家技术标准和正投影法是图样识读和绘制的基本准则，而空间点、直线、平面的投影是图样绘制的理论依据，有助于空间概念的初步形成。基本体是工程零件中最原始的形体单元，其中应用最广的是棱柱体和圆柱体。掌握绘图仪器和工具的使用方法以及正交圆柱表面交线的绘制将为后续项目教学的顺利展开奠定必要的技术基础。

一、知识准备

根据国家技术标准具体表达机件的形状、大小和技术要求的图形称为工程图样。最常用的工程图样是零件图，其基本内容是：反映零件内、外形的一组视图，指导零件加工的全部尺寸，体现零件加工质量的技术要求，说明零件基本信息的标题栏。

1. 制图基本规定

制图的基本规定包括图幅、格式、比例、字体、图线等，其中图幅表示图纸大小，有五种规格，格式表示绘图区域，用粗黑框表示，其右下方为标题栏。

比例表示图形与实物相应要素的线性尺寸之比，一般采用 1∶1 原值比例，便于读图和画图。必须注意的是，图样中标注的尺寸均为实际的加工尺寸，与所采用的比例无关。

字体分为汉字、数字、字母。必须注意的是，图样中文字的高度与图幅的大小以及标注内容的多少有关。字号即为字高，常用字高为 5mm、7mm、10mm。

常用图线有粗实线、细实线、虚线、细点画线。必须注意的是，同一图样中同类图线的宽度及深浅应基本一致，以使图形美观，方便读图。

2. 绘图仪器和工具

手工绘图是制图从业人员的基本功，掌握手工绘图的基本方法和技巧有助于对国家技术标准的理解、空间概念的建立，同时可以形成严谨、规范的工作理念以及注重细节和大局观的工作作风。常用的绘图仪器和工具有图板、丁字尺、三角板、铅笔、圆规、分规等（图 1-34）。

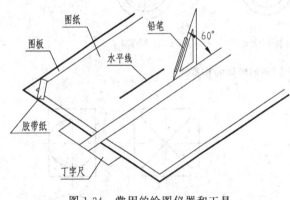

图 1-34　常用的绘图仪器和工具

图板可作为画图时的垫板，其左侧为丁字尺的导边。丁字尺由尺头和尺身组成，主要是画水平线。三角板可分为 45°三角板和 30°、60°三角板两种形状。三角板可直接画直线，也可配合丁字尺画垂线和 30°、45°、60°等特殊角的倾斜线。

手工绘图时，图纸格式区内所有的图形元素（线段、文字等）都必须用铅笔表达，通常用 H 或 2H 铅笔绘制底稿（细实线），用 B 或 HB 铅笔加粗、描深全图（粗实线），写字或加深虚线、点画线时一般采用 HB 铅笔。

圆规的主要作用是画圆和圆弧，而分规主要用来等分和量取线段。利用圆规画圆或圆弧时用力应尽可能均匀，必要时可将圆规反向回转 1～2 次，以使画出的图线颜色、粗细基本一致。画直径较大的圆时，圆规的两脚应尽可能与图面垂直。

3. 投影基本原理

正投影法的投射线互相平行并且垂直于基本投影面，是绘制工程图样的基本投影法。绘图时通常采用三投影面体系，包括正立投影面（V 面）、水平投影面（H 面）、侧立投影面（W 面）。空间物体在三投影面体系中最基本的投影规律是长对正，高平齐，宽相等，长、宽、高三个方向分别反映左右、前后、上下六个方位，每个视图对应四个方位。

视图是指运用正投影原理将物体向基本投影面投影所得的图形，是工程图样中的核心部分，在三个投影面上运用正投影关系绘制的视图即为三视图，分别为主视图、俯视图、左视图。三视图是工程图样中最基本的表达方法，其视图名称可省略标注。

二、空间点、直线、平面的投影

空间点、线、面是构成物体形状的几何要素，是空间物体形体分析、视图表达的理论基础，掌握空间点、线、面的投影有助于工程图样的识读与绘制，有助于形体构思、空间想象能力的提高。

空间点 A 的坐标形式是 $A(x, y, z)$，正面投影是 $a'(x, z)$，水平投影是 $a(x, y)$，侧面投影是 $a''(y, z)$。空间两点的相对位置可根据相应的坐标值判断，如果其中的两个坐标值相同则必定产生重影点。重影点加括号表示，如 (a')。

线和面是最简单的图形元素，其中最常见的是直线和平面。直线可分为投影面平行线（两平一斜）、投影面垂直线（两线一点）和一般位置直线（三斜线），平面同样可分为投影面平行面（两线一面）、投影面垂直面（两面一线）和一般位置平面（三类似形平面）。

三、基本体的投影与表面交线

基本体是工程零件中最原始的形体单元，其中应用最广的是棱柱和圆柱。棱柱由多边形顶面、底面以及多个矩形棱面组成，常见的是正四棱柱（即四个棱面），俗称长方体。圆柱由互相平行的两个等直径的圆形平面和圆柱面组成。

两回转体的表面交线称为相贯线，常见的是两圆柱轴线相交产生的相贯线，可利用圆柱的积聚性绘制。当两圆柱正交且直径相差较大时，可采用以圆弧代替相贯线的近似画法以提高绘图效率，但必须注意相贯线应向大圆柱的轴线弯曲。

另外，当正交圆柱的直径相等时，其相贯线的投影为通过两轴线交点的直线。

项目 2
组合体视图的识读与绘制

工程图样的核心是一组视图，而看图和画图又是工程从业人员的必备技能之一，因此掌握组合体视图的识读与绘制方法十分重要。形体分析法是识读和绘制组合体视图的基础。通过形体分析法和正投影法的有效结合，综合运用空间点、线、面的投影特性和规律，将有助于形体思维以及空间想象能力的进一步提高，有助于正确绘制工程图样。

本项目将主要介绍形体分析法的基本组成和应用、组合体视图的识读与绘制、组合体视图的尺寸标注，以使学习者具备基本的行动能力。

2.1 组合体视图的绘制

任何机件都可看成是由若干基本体（如棱柱和圆柱）通过一定的组合形式、按照一定的空间位置组合而成，这种几何模型即可称为组合体。通过对组合体的形体分析并利用正投影原理表达其内外形状的视图就称为组合体视图。

组合体视图可反映机件的空间形状和结构，而在视图上标注的尺寸则反映机件的空间大小，两者相辅相成，缺一不可。掌握组合体的绘制方法与尺寸标注十分重要，它将为后续重点教学项目——零件图的识读与绘制奠定必要的行动基础。

2.1.1 组合形式

组合体按其构成方式通常分为叠加型和切割型两种：叠加型组合体由若干基本体叠加而成，如图 2-1（a）所示；切割型组合体由若干基本体通过切割而成，如图 2-1（b）所示。组合体的主要组合形式是既有叠加又有切割的综合型，如图 2-1（c）所示。组合体的组合形式是形体分析法的基本组成部分。

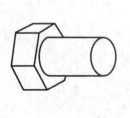
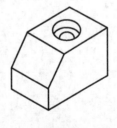
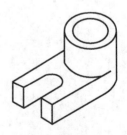

(a) 叠加型   (b) 切割型   (c) 综合型

图 2-1　组合体的组合形式

2.1.2 表面连接关系

（1）平齐和相错

两基本（形）体表面平齐时，结合处不画分界线，如图 2-2（a）所示。两基本（形）体表面相错（不平齐）时，结合处应画分界线，如图 2-2（b）所示。

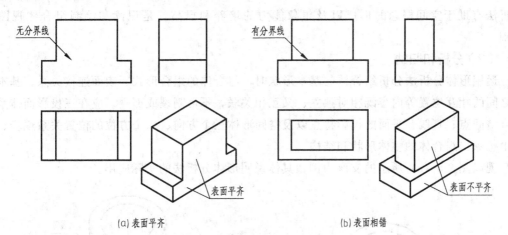

图 2-2　表面平齐和相错的画法

基本体经过切割（去材料加工，如开槽或钻孔）后的形体称为基本形体，简称形体。

（2）相切和相交

两基本（形）体表面相切时，相切处不画分界线，如图 2-3 所示。两基本（形）体表面相交而产生交线时，相交处应画分界线，如图 2-4 所示。

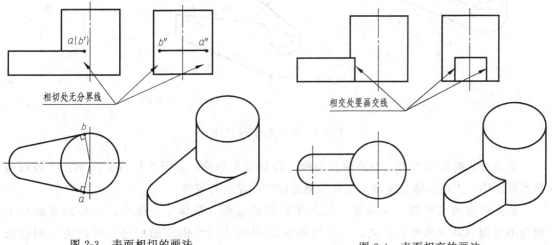

图 2-3　表面相切的画法　　　　图 2-4　表面相交的画法

结论：平齐和相切均可理解为两基本（形）体处于"同一表面"，所以不画分界线。相错和相交的形体表面之间必定有交线、转向线或同向错位，所以要画分界线。

同向错位：在同一投影方向上两形体表面的坐标值不等，形成不同的位置关系。

分界线是一种统称，它可能是两形体表面形成的交线或同向错位后特殊面的积聚线，也可能是钻孔后回转曲面的转向线，应注意区分。

2.1.3 形体分析法

（1）定义和作用

假想将组合体分解成若干基本形体，分析其形状、结构、组合形式、连接关系以及在空间的相对位置，最终确定组合体的形体特征，这种分析方法称为形体分析法。形体分析法有助于空间概念的形成以及想象能力的培养和提高，是识读和绘制组合体视图的基础。

（2）分析和归纳

运用形体分析法分析组合体的基本形状时，组合体的组合形式、表面连接关系、基本形体之间的相互位置等内容既相对独立、又互相关联，不可割裂或孤立。应在三投影面体系内结合空间点、直线、平面的投影特点以及空间形体三个方向、六个方位的位置关系逐步、有序地想象出组合体的整体形状和结构。

现以图 2-5 （a) 所示的支座为例，具体说明形体分析法的实际应用。

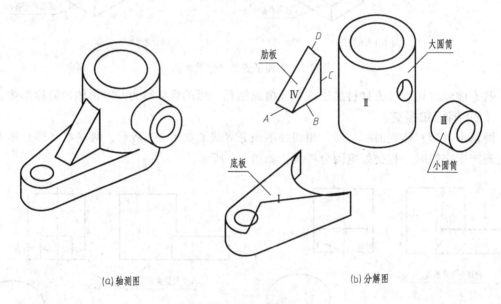

(a)轴测图　　　　　　　　　　　　(b)分解图

图 2-5　组合体的形体分析

支座可分解为大圆筒、小圆筒、底板、肋板四个部分，如图 2-5 （b）所示。一般可根据基础形体、工作形体、连接形体和辅助形体的顺序进行编号。

铅垂放置的大圆筒（形体Ⅱ）与水平放置的底板（形体Ⅰ）接合，底板的底面与大圆筒的底面（均为水平面）共面，底板的前后侧面（均为铅垂面）与大圆筒的外圆柱面相切。

肋板（形体Ⅳ）叠加在底板的上平面（水平面），右侧与大圆筒相交，其表面交线分别为 A、B、C、D，其中 D 为肋板斜面与圆柱面相交而产生的椭圆弧。

大圆筒与正垂放置的小圆筒（形体Ⅲ）的轴线正交，两圆筒相贯连成一体，因此两者的内外圆柱面的相交处都有相贯线，同时小圆筒的正垂孔与大圆筒的正垂孔等径贯通。

现以图 2-5 所示的支座为例，具体说明组合体视图的绘制方法和步骤。

2.1.4　绘制方法和步骤

（1）形体分析

绘图前，应先对组合体进行形体分析，了解组合体各组成部分的类型和结构特点，分析它们之间的组合形式、连接关系、相对位置以及分界线的特点。

绘图时，可按照组合体各个形体的相对位置，逐个画出它们的投影以及它们之间的表面连接关系，综合起来即可得到整个组合体的三视图。

（2）选择主视图

表达组合体形状的一组视图中，主视图是最重要的视图。主视图的选择是绘图中的一个重要环节。因为主视图的投影方向一旦确定，其它视图的投影方向也就随之确定了。

一般根据形体特征原则选择主视图，即以最能反映组合体形体特征的那个视图作为主视图，同时兼顾另外两个视图（俯视图、左视图）的局部形体特征的反映以及视图表达的清晰程度。另外，选择主视图时还应考虑组合体的位置特征，即尽量使其主要表面和轴线与投影面平行或垂直，以使投影得到实形。

如图 2-6 所示的支座，根据形体特征和位置特征原则，通过各向投影比较，可选择 A 向投影为主视图（反映支座的整体特征和小圆筒、肋板的特征，且底面平行于水平面）。

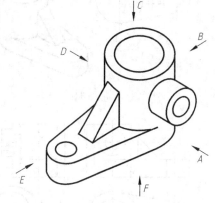

图 2-6　主视图的确定

（3）确定比例和图幅

主视图确定后，根据组合体的复杂程度和形状大小，按照国家技术标准选择合适的绘图比例与图幅。图幅应留有足够的空间以便于标注尺寸。

（4）布置视图

布置视图时，应根据基准位置以及各个视图的总体尺寸，充分考虑尺寸标注和填写技术要求所需的位置，将三视图合理、美观地布置在图框格式内。

具体方法是：以大圆筒的轴线为长度基准，支座的对称中心线为宽度基准，底边为高度基准，如图 2-7（a）所示。

（5）绘制底稿，检查描深，完成全图

按照图 2-7（b）～（e）所示的绘图顺序绘制视图底稿。底稿完成后仔细检查、勘误，并根据先圆弧后直线、先平后直再斜线的绘图技巧描深全图，视图表达应力求正确、规范、清晰、整洁。绘制完成的支座三视图如图 2-7（f）所示。必须注意以下几点。

① 为保证三视图之间满足投影规律，提高绘图速度，减少差错，应尽可能把同一形体的三面投影联系起来作图，依次完成各组成部分的三面投影，即三个视图同步画。

② 绘制底稿时，所有图线均可采用细实线。绘图顺序为：先定位置，后定形状；先画整体，后画局部；先画可见轮廓线，后画不可见轮廓线。

③ 应考虑到组合体是各个形体组合起来的一个整体，作图时要正确处理各形体之间的组合形式和表面连接关系。

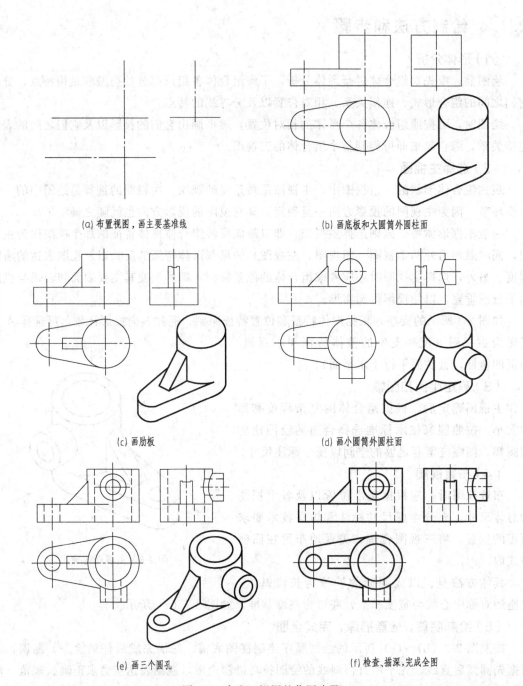

(a) 布置视图，画主要基准线　　　　　　　(b) 画底板和大圆筒外圆柱面

(c) 画肋板　　　　　　　　　　　　　(d) 画小圆筒外圆柱面

(e) 画三个圆孔　　　　　　　　　　　(f) 检查、描深，完成全图

图 2-7　支座三视图的作图步骤

2.2　组合体视图的尺寸标注

　　工程图样中，视图只能表达机件的形状，而机件的实际加工需要具体的、表示形体大小的尺寸。尺寸标注是工程图样中重要的组成部分，标注时必须严格遵循国家技术标准的有关规定和要求（GB/T 16675.2—1996、GB/T 4458.4—2003）。

2.2.1 尺寸标注的基本规则

① 图样中的尺寸为该图样所表示机件的最后完工尺寸，否则应另行说明。

② 机件的真实大小以图样标注的尺寸为依据，与图形的大小和绘图的准确性无关。

③ 机件上的每一个尺寸一般只标注一次，并应标注在反映该结构最清晰的图形上。

④ 图样中的尺寸，包括技术要求和其它说明，一般以毫米（mm）为计量单位，可省略标注。若采用其它计量单位，则必须在技术要求中注明相应的代号或名称。

2.2.2 尺寸标注的基本组成

（1）尺寸界线

尺寸界线表示所注尺寸的标注范围，用细实线绘制。尺寸界线可从图形的轮廓线、轴线、对称中心线引出，或利用这些线作为尺寸界线。

注意

尺寸界线一般应与尺寸线垂直，并超出尺寸线 2mm 左右，必要时允许与尺寸线成一定的角度。尺寸界线的标注示例如图 2-8 所示。

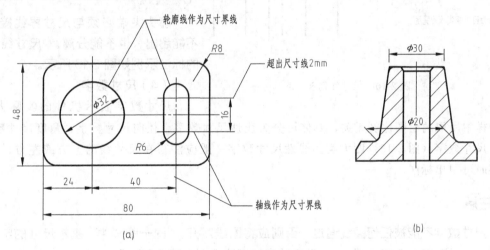

图 2-8　尺寸界线示例

（2）尺寸线

尺寸线表示所注尺寸的标注方向，用细实线绘制。标注线性尺寸时，尺寸线必须与所标注的线段平行。相互平行的尺寸线应小尺寸在内，大尺寸在外，依次排列整齐。各尺寸线的间距要均匀，间隔应大于 5mm（一般为 7mm），以便注写尺寸数字和有关符号。

注意

尺寸线不能用其它图线代替，也不能与其它图线重合或画在其延长线上。应尽量避免尺寸线之间以及尺寸线与尺寸界线相交。尺寸线的标注示例如图 2-9 所示。

（3）尺寸线终端

尺寸线终端表示所注尺寸的起始位置和终止位置。尺寸线终端有两种表示形式：箭头和细斜线。细斜线常用于建筑图，工程图样中一般用箭头表示。

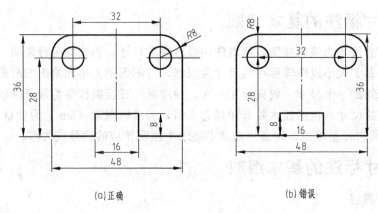

(a) 正确　　　　　　(b) 错误

图 2-9　尺寸线示例

当尺寸线太短、没有足够的位置画箭头时，允许将箭头画在尺寸线的外边。标注连续的小尺寸时可用小圆点代替箭头，如图 2-10 (b) 所示。

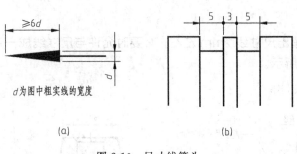

d 为图中粗实线的宽度

(a)　　　　　　(b)

图 2-10　尺寸线箭头

注意

箭头尖端必须与尺寸界线接触，不能超出，也不能分离。尺寸线终端的标注示例如图 2-10 所示。

（4）尺寸数字

尺寸数字表示机件的实际大小，与图样中所取的绘图比例无关，具体可分为线性尺寸数字、径向尺寸数字、角度尺寸数字、球体尺寸数字（图 2-15）四大类。线性尺寸数字一般应注写在尺寸线的上方或左方，位置不够时可引出标注。

注意

尺寸数字不能被任何图线通过，否则应将图线断开。同一图样中，基本尺寸的字高要一致，一般采用 3.5 或 5 号字。尺寸数字的标注示例如图 2-9 所示。

2.2.3　常用尺寸的标注

（1）线性尺寸

线性尺寸数字应按图 2-11 (a) 所示的方向标注。图示 30°范围内应按图 2-11 (b) 所示引出标注。水平尺寸数字应注写在尺寸线的上方，垂直方向时应注写在尺寸线的左方，如图 2-11 (c) 所示。窄小部位的尺寸数字按图 2-10 (b) 和 (d) 所示方式注写。

（2）径向尺寸

径向尺寸由直径和半径组成。圆心角＞180°的整圆或圆弧必须在尺寸数字前加注直径符号 "ϕ"，圆心角≤180°的圆弧加注半径符号 "R"。标注直径时一般需绘制尺寸界线，必要时也可将轮廓线作为尺寸界线，尺寸线或其延长线要通过圆心。直径和半径的具体标注方法如图 2-8 和图 2-11 (c) 所示。小圆或小圆弧的径向尺寸标注如图 2-12 所示。

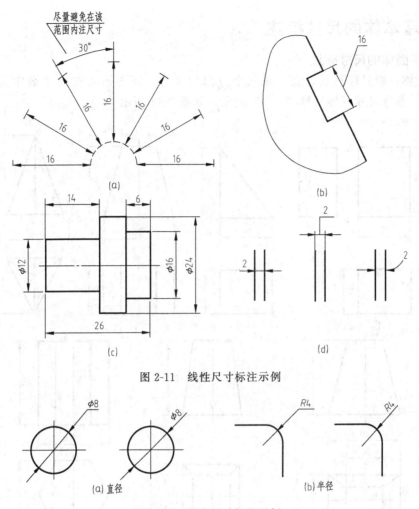

图 2-11　线性尺寸标注示例

图 2-12　径向尺寸标注示例

（3）角度尺寸

角度尺寸的尺寸界线应从径向引出，尺寸线是以角的顶点为圆心画出的圆弧线。角度数字一律水平书写，一般应注写在尺寸线的中断处，必要时也可写在尺寸线的上方或外侧。角度较小时可用指引线引出标注。角度尺寸必须注明单位，如图 2-13 所示。

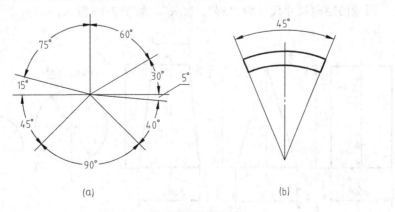

图 2-13　角度尺寸标注示例

2.2.4 基本体的尺寸标注

（1）平面体的尺寸标注

平面立体一般只标注长、宽、高三个方向的尺寸。正方形可在尺寸数字前加小方框"□"表示，参考尺寸可加括号"（ ）"表示，如图 2-14 所示。

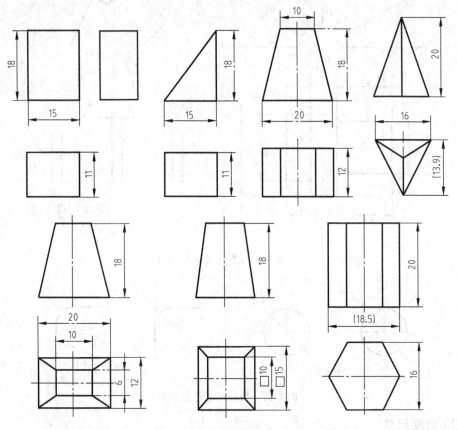

图 2-14　平面立体的尺寸注法

（2）曲面体的尺寸标注

圆柱和圆锥应注出底圆直径和高度尺寸，圆台应加注顶圆直径。直径尺寸一般标注在非圆视图上。圆球的径向尺寸代号为"Sφ"、"SR"，如图 2-15 所示。

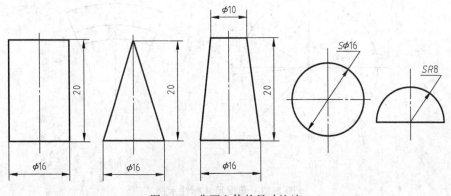

图 2-15　曲面立体的尺寸注法

2.2.5 组合体的尺寸标注

工程图样中，组合体视图的大小必须通过尺寸标注来体现。组合体尺寸标注的基本要求是：正确、完整、清晰。

正确是指尺寸标注必须符合国家标准的各项规定；完整是指标注的尺寸既不重复，又不遗漏；清晰是指尺寸必须布局整齐，标注规范，便于看图。

（1）尺寸基准

尺寸基准是指尺寸标注的起始位置。在组合体视图中，共有长、宽、高三个方向的尺寸基准，标注尺寸时首先必须选定各个方向的尺寸基准。当视图对称或基本对称时，可选取对称平面作为尺寸基准，视图不对称时可选取底面、端面、回转体的轴线等作为尺寸基准。

如图 2-16 所示的支架，长度方向的尺寸基准是竖板的右端面，宽度方向的尺寸基准是支架的前、后对称平面，高度方向的尺寸基准是底板的底面。

选取尺寸基准时，每个方向除一个主要基准外，还可根据需要选取 1～2 个辅助基准。基准选定后，各个方向上的主要尺寸（定位尺寸）就应从相应的尺寸基准进行标注。

（2）尺寸种类

① 定形尺寸　确定各基本体形状大小的尺寸称为定形尺寸。

如图 2-17（a）中的 50、34、10、R8 等尺寸确定了底板的形状大小，而 R14、18 等尺寸是竖板的定形尺寸。

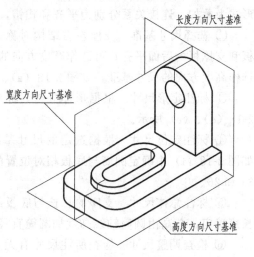

图 2-16　支架的尺寸基准分析

② 定位尺寸　确定各基本体相对位置的尺寸称为定位尺寸。

如图 2-17（a）俯视图中的尺寸 8 确定竖板在宽度方向的位置，主视图中的尺寸 32 确定 $\phi16$ 孔在高度方向的位置（中心高）。

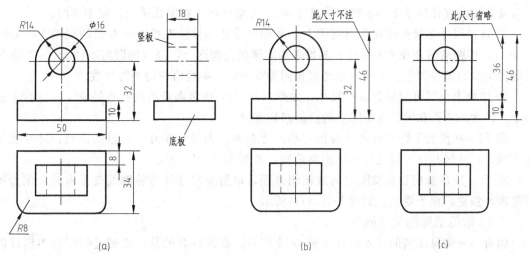

图 2-17　尺寸种类

必须注意的是，由于 $R14$ 为已知弧，根据规定一般不标总高尺寸 46，如图 2-17（b）所示。另外，图 2-17（c）中的高度尺寸 36 也应省略，否则会形成封闭的尺寸链。

③ 总体尺寸　确定组合体总长、总宽、总高的外形尺寸称为总体尺寸。

必须注意的是，总体尺寸（定位尺寸）有时会和定形尺寸重合，如图 2-17（a）中的总长 50、总宽 34 同时也是底板的定形尺寸。对于具有已知圆弧面的结构，通常只注中心线位置尺寸而不注总体尺寸，如图 2-17（b）所示。另外，若以底板的底部为高度基准，则应省略竖板的高度尺寸 36，如图 2-17（c）所示。

现以图 2-18 所示的支座为例，具体说明组合体视图尺寸标注的方法和步骤。

（3）标注方法

① 进行形体分析　支座由底板、圆筒、支撑板、肋板四个部分组成，它们之间的组合形式为叠加，连接关系分别为平齐和相错，如图 2-18（c）所示。

② 选择尺寸基准　支座左右结构对称，可选择对称平面作为长度方向的尺寸基准；底板和支撑板的后面平齐，可选作宽度方向的尺寸基准；底板的底面是支座的安装面，因此可选作高度方向的尺寸基准，如图 2-18（a）、（b）所示。

③ 标注定形尺寸　根据形体分析，标注底板、圆筒、支撑板、肋板的定形尺寸，如图 2-18（d）、（e）所示。

④ 标注定位尺寸　根据选定的尺寸基准，逐一标注确定各部分相对位置的定位尺寸。如图 2-18（f）中确定圆筒与底板相对位置的尺寸 32 以及确定底板上两个 $\phi8$ 孔位置的尺寸 34 和 26。

⑤ 标注总体尺寸　支座的总长与底板的长度相等，总宽由底板宽度和圆筒伸出部分的长度确定，总高由圆筒轴线高度加圆筒直径的一半决定，因此这几个总体尺寸都已标出。

⑥ 检查调整尺寸　检查所注尺寸有无重复、遗漏，是否清晰、美观，以此进行必要的修改和调整，最终的标注结果如图 2-18（f）所示。

（4）注意事项

① 尺寸应尽可能标注在反映形体特征最明显的视图上。如图 2-18（d）中底槽宽度 24 和高度 5 最好标注在反映实形的主视图上。

② 同一基本体的定形尺寸和定位尺寸应尽可能集中标注在同一视图上。如图 2-18（f）中将安装孔的直径尺寸 $2\times\phi8$ 和定位尺寸 34、26 集中标注在俯视图上，便于读图。

③ 直径尺寸尽量标注在非圆视图上，半径尺寸必须标注在投影为圆弧的视图上。如图 2-18（e）中圆筒的外径 $\phi28$ 标注在其投影为非圆的左视图上，底板的圆角半径 $R8$ 标注在其投影为圆弧的俯视图上。另外，直径值相同要写个数，半径值相同不写个数。

④ 虚线上应尽可能避免标注尺寸。如图 2-18（e）中将圆筒的内孔直径 $\phi16$ 标注在主视图上，因为 $\phi16$ 孔在俯、左视图上的投影都是虚线。

⑤ 同一视图的平行并列尺寸应按"小尺寸在内、大尺寸在外"的原则排列，尺寸线与轮廓线、尺寸线与尺寸线之间的间距要适当，如图 2-18（f）所示。

⑥ 尺寸应尽量配置在视图之间或视图外面，以避免尺寸线与轮廓线交错重叠，保持图形清晰、独立，便于看图，如图 2-18（f）所示。

（5）常见结构的尺寸标注

组合体中常见结构的尺寸标注如图 2-19 所示。必须注意的是，绘图过程中自然形成的尺寸不必标注，如图 2-19（d）中 4 条斜边的长度不能标注尺寸。

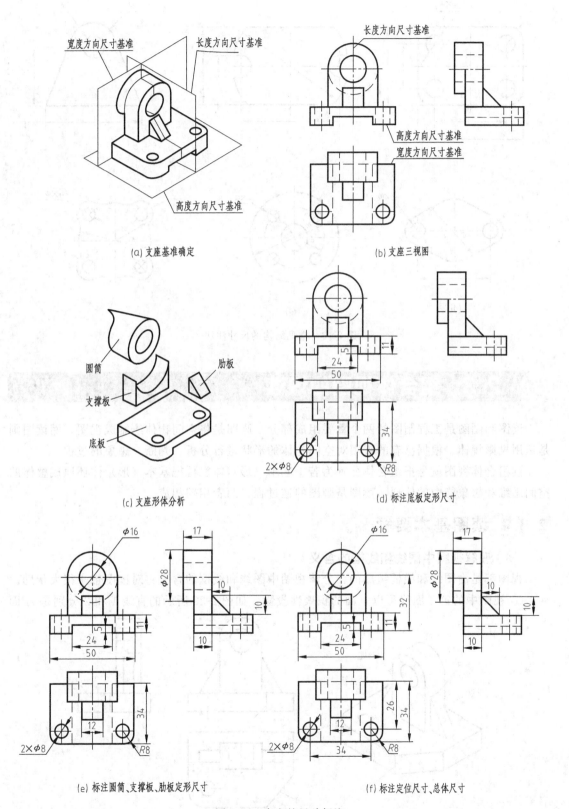

(a) 支座基准确定

(b) 支座三视图

(c) 支座形体分析

(d) 标注底板定形尺寸

(e) 标注圆筒、支撑板、肋板定形尺寸

(f) 标注定位尺寸、总体尺寸

图 2-18　支座的尺寸标注

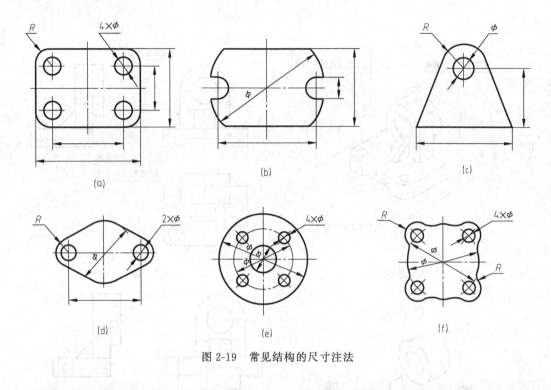

图 2-19　常见结构的尺寸注法

2.3　组合体视图的识读

　　读图和画图是工程制图的两个重要组成部分。画图是将空间物体绘制成视图，而读图则是运用投影规律、根据已有的视图对空间物体的形状进行分析、判断、想象的过程。

　　读组合体视图就是把组合体分解为若干基本（形）体、再把基本（形）体还原成整体的空间思维和想象能力的体现。读图是画图的逆过程，两者相辅相成。

2.3.1　读图基本要领

（1）理解视图中图线和线框的含义

视图都是由图线和线框组成的，分清视图中图线和线框的含义将对读图带来很大帮助。

① 视图中的每条图线可以是面的积聚性投影，如图 2-20 所示的直线 1 和 2 分别是 A 面

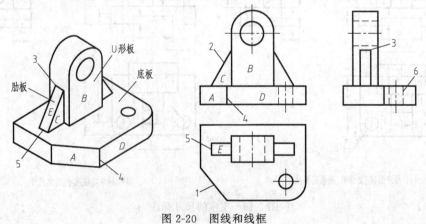

图 2-20　图线和线框

和 E 面的积聚性投影；也可以是两个面交线的投影，如图中直线 3 和 5 分别是肋板斜面 E 与拱形柱体左侧面和底板上表面的交线，直线 4 是 A 面和 D 面的交线；还可以是曲面的转向轮廓线的投影，如左视图中直线 6 是小圆孔圆柱面的转向轮廓线。

② 视图中的封闭线框可以是物体上的表面（平面、曲面、组合面）的投影，也可以是孔的投影。如图 2-20 所示，主视图上的线框 A、B、C 是平面的投影，线框 D 是平面与圆柱面相切形成的组合面的投影，主、俯视图中大、小两个圆线框是两个孔的投影。

③ 视图中相邻的两个封闭线框可表示位置不同的两个面的投影。如图 2-20 主视图所示的 A、D 两个相邻线框是铅垂面和正平面的投影；B、C、D 三个线框两两相邻，从俯视图中可以看出，B、C、D 的平面部分互相平行，且 D 在前，B 居中，C 靠后。B、C、D 三个线框的投影特点又称为同向错位。

④ 大线框内包含的小线框一般表示大立体上凸出或凹下的小立体的投影。根据投影分析，如图 2-20 俯视图中的小圆线框表示凹下的孔的投影，线框 E 表示凸起的肋板的投影。

（2）几个视图联系起来进行读图

一个组合体通常需要几个视图才能清楚表达形状特征。如图 2-21 所示的三组视图的主视图都相同，但由于俯视图不同，实际表示的是三个不同的物体。

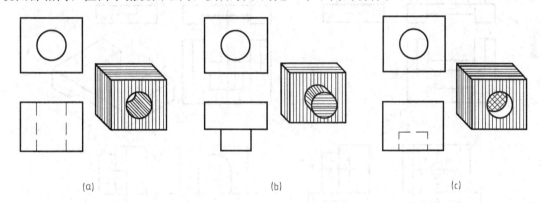

(a)　　　　　　　　　　(b)　　　　　　　　　　(c)

图 2-21　一个视图不能确定物体的形状

有时即使有两个视图相同，若视图选择不当也不能确定物体的形状。如图 2-22 所示的三组视图的主、俯视图都相同，但由于左视图不同，也表示了三个不同的物体。

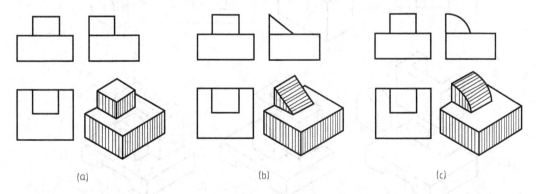

(a)　　　　　　　　　　(b)　　　　　　　　　　(c)

图 2-22　两个视图不能确定物体的形状

读图时，一般应从反映形状特征最明显的视图（又称特征视图）入手，然后联系其它视图进行对照分析才能最终确定物体的形状，切忌只看一个视图就妄下结论。

2.3.2 读图基本方法

（1）形体分析法

形体分析法主要用于叠加类组合体，其含义和作用已在 2.1.3 中详细介绍，现进一步介绍形体分析法的读图方法和具体应用。

形体分析法的读图原则是：分线框，对投影，综合构思想整体。读图方法是：先看整体，后看局部；先看主要部分，后看次要部分；先看容易确定的部分，后看较难确定的部分。

【例 2-1】 根据三视图想象立体形状。

（1）分离特征明显的线框

组合体中的三个视图可以视为是由处于对称位置的形体Ⅰ、Ⅱ、Ⅲ组成，Ⅱ、Ⅲ叠加于Ⅰ之上，Ⅲ在Ⅱ之前，Ⅰ、Ⅱ后平齐，因此大致可将组合体分为三个形体。其中主视图中的Ⅰ、Ⅲ两个线框特征明显，俯视图中线框Ⅱ的特征明显，如图 2-23（a）所示。

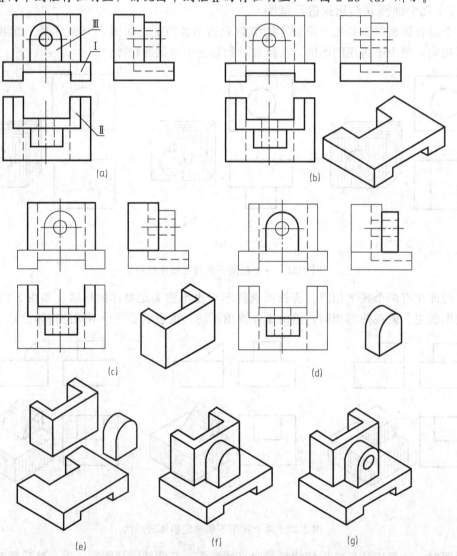

图 2-23　形体分析法读组合体三视图

（2）逐个想象形体的形状

根据投影规律，依次找出Ⅰ、Ⅱ、Ⅲ 三个线框在其它两个视图的对应投影并想象出它们的形状，如图 2-23（b）～（d）所示。

（3）综合想象整体的形状

首先确定各形体的相互位置，初步想象物体的整体形状，如图 2-23（e）、（f）所示。然后把想象的组合体与三视图进行对照、检查，如根据主视图中的圆线框以及它在另外两个视图中的投影想象出通孔的形状。最后想象出物体的整体形状，如图 2-23（g）所示。

*（2）线面分析法

在读图过程中，当物体的形状不规则或物体被多个截平面切割，其视图往往难以读懂又不易绘制，此时可以在形体分析的基础上进行线面分析。

线面分析法就是运用投影规律和空间点、线、面的投影特性，对物体表面的线、面等几何要素进行分析，进而确定物体的表面形状、面与面之间的相对位置以及表面交线，从而想象出物体的整体形状或绘制视图。线面分析法常用于切割类组合体（又称切割体）。

【例 2-2】　根据三视图想象立体形状。

（1）初步判断主体形状

物体被多个平面切割，但从三个视图的最大线框来看基本都是矩形，据此可判断该物体的主体应是长方体，如图 2-24（a）所示。

（2）确定切割面的形状和位置

如图 2-24（b）所示的左视图中可明显看出物体有 a、b 两个缺口，其中缺口 a 是由两个相交的侧垂面切割而成，缺口 b 是由一个正平面和一个水平面切割而成。

主视图中的线框 1′、俯视图中的线框 1 和左视图中的线框 1″ 有对应的投影关系，据此可确定该线框是一般位置平面的投影。

主视图中的线段 2′、俯视图中的线框 2 和左视图中的线段 2″ 也有对应的投影关系，同样可确定该线框是一个水平面的投影，并且Ⅰ、Ⅱ两个平面相交，产生的交线为水平线。

（3）逐个想象切割处的形状

首先想象切割体的主要形状，暂时忽略次要形状。如可先忽略 a、b 两个缺口在三视图中的投影，将物体看成是一个长方体被一般位置平面Ⅰ和水平面Ⅱ两个截平面切割而成，从而想象出此时物体的形状，如图 2-24（c）的轴测图所示。然后依次想象缺口 a、b 的形状，如图 2-24（d）、（e）的轴测图所示。

（4）综合想象整体的形状

综合归纳长方体被各种位置的截平面（侧垂面、正平面、水平面）截切后的空间形状和位置，从而想象出切割体的整体形状，如图 2-24（f）所示。

若需绘制切割体视图，应注意运用点、线、面的投影特征。如图 2-24 所示的Ⅰ平面为一般位置平面，其投影为三个类似形平面；Ⅱ平面是水平面，其投影为一面（实形）两线（积聚线）；a 缺口是由两个侧垂面切割而成的，其投影为一线（积聚线）两面（类似形）。

2.3.3　读图综合举例

根据两个视图补画第三视图是培养读图和画图能力的一种有效手段。工程中应用较多的是运用形体分析法补画第三视图。对于比较复杂的组合体视图，则需综合运用形体分析法和

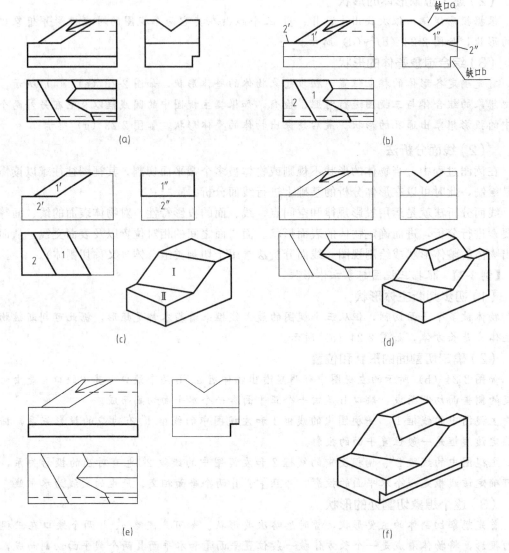

图 2-24 线面分析法读组合体的三视图

线面分析法读图（想象空间形体、补画第三视图）。

【例 2-3】 根据组合体主、俯视图，补画左视图。

（1）形体分析

如图 2-25（a）所示，主视图可分为四个线框，根据投影关系在俯视图上找出它们的对应投影，据此可初步判断该物体是由四个形体组成。下部 I 是底板，其上开有两个通孔；上部 II 是一个圆筒；在底板与圆筒之间有一块支撑板 III，它的斜面与圆筒的外圆柱面相切，它的后表面与底板的后表面平齐；在底板与圆筒之间还有一个肋板 IV。根据以上分析即可想象出该物体的形状，如图 2-25（d）所示。

（2）画左视图

根据以上分析以及想出的形状，按照四个形体的相对位置，依次画出底板、圆筒、支撑板、肋板在左视图中的投影，最后检查、描深，完成全图。

具体作图方法和步骤如图 2-25（a）～（c）所示。

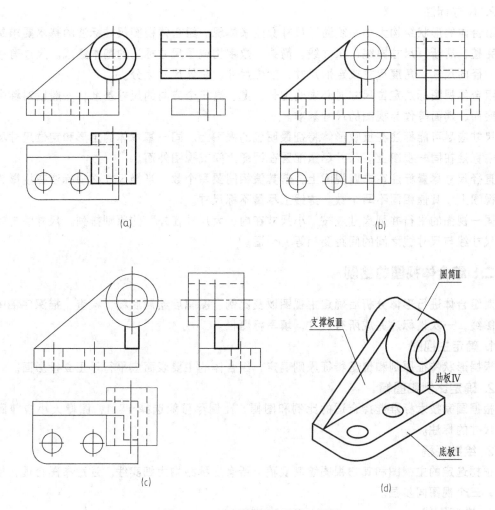

图 2-25 已知两视图补画第三视图

知识点梳理和回顾

组合体由基本（形）体叠加、切割而成，常见的表现形式是组合体视图。读组合体视图是把平面图形想象成空间物体，具体可通过补图、补线训练来达到目的；画组合体视图是将空间物体转化为平面图形，两者相辅相成。掌握识读和绘制组合体视图的方法将为后续行动内容的顺利展开创造必要的技术条件。

一、知识准备

1. 形体分析法

根据基本（形）体类型、组合形式、连接关系、形体特征、相对位置等想象组合体空间形状的方法称为形体分析法，形体分析法是绘制组合体视图的基本方法。

组合形式：叠加和切割。一般情况下，组合体既有叠加又有切割，称为综合。

连接关系：平齐和相错、相切和相交。两形体表面若平齐和相切，无分界线。

2. 尺寸标注

组合体的形状结构大小必须通过尺寸标注来体现。组合体视图尺寸标注的基本要求是正确、完整、清晰。尺寸界线、尺寸线、箭头、数字构成了尺寸标注的基本组成。尺寸有线性尺寸、径向尺寸、角度尺寸或定形尺寸、定位尺寸、总体尺寸之分。

组合体视图标注定位尺寸时必须确定长、宽、高三个方向的尺寸基准，一般以对称中心线、底面、端面等作为视图的尺寸基准。

尺寸应尽可能标注在反映形体特征最明显的视图上。同一基本体的定形和定位尺寸尽可能集中标注在同一视图上。尺寸尽量配置在视图之间或视图外面。

直径尺寸尽量标注在非圆视图上，若其值相同要写个数。半径尺寸必须标注在投影为圆弧的视图上，其值相同不写个数。虚线上尽量不标尺寸。

同一视图的平行并列尺寸应按"小尺寸在内、大尺寸在外"的原则排列，尺寸线与轮廓线、尺寸线与尺寸线之间的间距要相等、合适。

二、组合体视图的绘制

对组合体进行形体分析后确定主视图以及比例、图幅后绘制底稿，检查、描深底稿中的各种图线，一次性标注完成所有尺寸，填写标题栏。

1. 确定主视图

根据形状特征原则和位置特征原则确定，组合体的主要表面应平行于正立投影面。

2. 确定比例和图幅

根据国家技术标准选择合适的比例和图幅，比例尽可能选择 1∶1，图幅大小应兼顾绘图和尺寸的标注。

3. 绘制底稿

根据选定的主视图和其它视图绘制底稿，所有底稿线均为细实线。注意布图合理，投影正确，三个视图同步画。

4. 描深图线

根据国家技术标准的有关规定以及先圆弧后直线、先平后直再倾斜原则检查、描深图线。

5. 标注尺寸

根据国家技术标准的有关规定正确、完整、清晰地标注定形尺寸、定位尺寸、总体尺寸。

三、组合体视图的识读

读组合体视图的主要目的就是培养将组合体分解为若干基本形体、再把基本形体组合成整体的形体构思和空间想象能力，即根据已有的视图、运用投影规律对空间物体的形状和大小进行分析、判断、想象的过程。

读组合体视图的主要方法是形体分析法，具体步骤是：分线框，对投影，综合构思想整体。具体顺序是：先看整体，后看局部；先看主要部分，后看次要部分；先看容易确定的部分，后看较难确定的部分。

读图时必须注意：先从反映形状特征最明显的视图（又称特征视图）入手，然后联系其它视图对照分析确定物体的形状，切忌只看一个视图就妄下结论。

项目 3
轴套类零件图的识读与绘制

　　任何机器或部件都是由若干零件按照一定的位置关系和设计、使用要求装配而成的，因此，掌握零件图的识读和绘制方法就显得十分重要。表达零件的图样称为零件图，它是制造和检验零件的主要依据，是联系设计者和加工者的重要的技术桥梁。

　　本项目主要阐述四大典型零件中轴套类零件的加工工艺结构和视图表达方法（断面图和局部放大图）、常用螺纹的规定画法和标记、尺寸标注和技术要求、轴套类零件图的识读与绘制，为后续典型零件的项目教学打下扎实的技术基础。

3.1　轴套类零件的视图表达

3.1.1　零件结构分析

　　轴套类零件的主要结构是同轴回转体，其轴向尺寸大于径向尺寸，通常有倒角、轴肩以及键槽、退刀槽等工艺结构，主要作用是安装轴上零件（如齿轮）、传递运动和转矩、轴向定位等，主要材料是优质碳素结构钢（45），主要加工方法是车削、铣削和磨削。

　　图 3-1 所示的阶梯轴即属于轴套类零件中的轴类零件。

图 3-1　轴类零件

　　（1）退刀槽和越程槽（GB/T 3—1997、GB/T 6403.5—1990）

　　车削、磨削时，为使刀具或砂轮越过加工面实现完全加工，同时便于退刀及保护其它加工表面（如轴肩），可在待加工表面的末端预先加工出退刀槽或越程槽，如图 3-2 所示。

　　（2）倒角和倒圆（GB/T 6403.4—1990）

　　为便于装配和安全操作，轴或孔的端部应加工成倒角。为避免因应力集中而使零件产生裂纹，轴肩或孔肩的底部应以圆角过渡。倒角和倒圆时的工艺结构如图 3-3 所示。

3.1.2　视图表达方案

　　现以图 3-4 所示的从动轴为例，具体说明轴套类零件的视图表达方法。

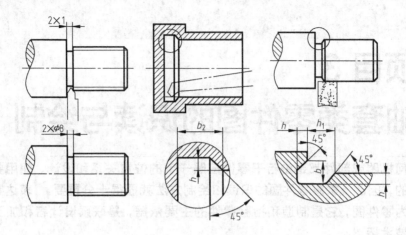

图 3-2　退刀槽和越程槽

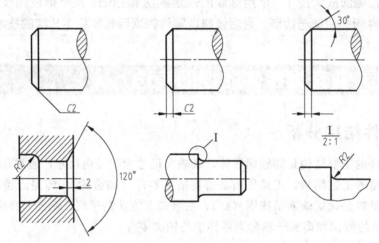

图 3-3　倒角和倒圆

（1）选择主视图

主视图是表达零件形状特征的最重要的视图，是一组视图的核心。主视图的选择必须满足"形状特征"和"位置特征"两个基本原则。

① 形状特征原则　"形状特征原则"就是将最能反映零件主要形状特征的方向作为主视图的投影方向，即主视图要比较明显地反映零件的各部分形状以及它们之间的相对位置，以更全面、清晰地表达零件的具体特征，便于看图和加工。如图 3-4 所示的主视图就反映了从动轴的主要结构形状以及键槽、销孔的特征和位置。

② 位置特征原则　"位置特征原则"具体是指零件的加工位置和工作位置，即零件在加工或工作时的安放状态。如图 3-4 所示的从动轴的加工，其大部分工序是在如图 3-5 所示的车床或磨床上进行的，因此通常要按加工位置画其主视图，以便看图和测量尺寸。一般情况下，轴套类零件的加工位置和工作位置是重合在一起的。

轴套类零件的主视图一般按加工位置水平放置，以表达各段形体的相对位置。为了表达此类零件的外部形状和内部结构，主视图通常采用基本视图表达以反映轴肩、键槽、退刀槽等工艺结构的基本形状和位置。从动轴主视图的表达方案如图 3-4 所示。

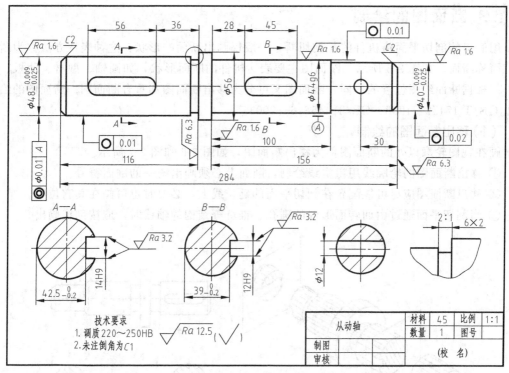

图 3-4　从动轴零件图

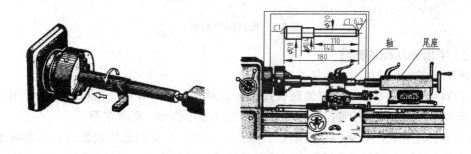

图 3-5　轴套类零件的加工位置

（2）选择其它视图

根据"形状特征原则"和"位置特征原则"确定了零件的主视图以后，对于零件还未表达的部分应再选择其它视图予以补充、完善。

由于轴套类零件的主要结构是同轴回转体，所以一般只画主视图，无需画出其它基本视图。对于零件上的键槽、销孔、退刀槽等局部结构，可采用断面图和局部放大图表示。

如图 3-4 所示的从动轴就采用了移出断面图分别表达键槽和销孔的内部形状，采用局部放大图表达退刀槽的放大结构并便于标注尺寸。

选择时必须注意：其它视图应具有明确的表达重点以及独立存在的意义，避免重复表达零件的同一结构，并按照正确、完整、清晰、简便地表达零件的要求，选出最佳表达方案。

作为知识准备，本项目将主要阐述断面图、局部放大图的具体用途、绘制方法以及注意事项，轴套类零件的视图表达将在"3.4　轴套类零件图的绘制"中予以详细介绍。

3.1.3 断面图的绘制

用假想的剖切平面将机件的某处切断，一般仅画出断面的形状，这种表达方法称为断面图，简称断面，如图 3-6 所示。断面图主要表达机件的断面形状，如圆轴、型材、肋板、轮辐等。根据断面绘图位置的不同，断面图又可分为移出断面图和重合断面图。断面图的绘制详见 GB/T 17452—1998、GB/T 4458.6—2003。

（1）移出断面图的绘制

画在视图轮廓以外的断面图称为移出断面图，如图 3-6 和图 3-7 所示。

① 移出断面图的轮廓线用粗实线绘制，断面上必须画出统一的剖面符号。

② 移出断面图应尽可能配置在剖切平面的延长线上，必要时也可画在其它位置。

③ 当剖切平面通过由回转面形成的圆孔、锥坑等结构的轴线时，应按剖视画出。

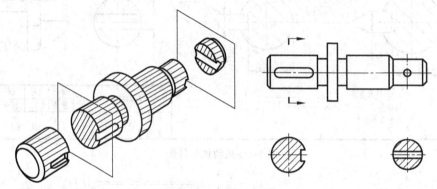

图 3-6　断面图的画法一

（2）移出断面图的标注

移出断面图的标注如图 3-6 和图 3-7 所示。

① 当移出断面图在剖切位置的延长线上时，对称图形可省略全部标注，只需用细点画线标明剖切位置。不对称图形应标注剖切符号以及投影箭头，省略字母。

② 当移出断面图不在剖切位置的延长线上时，因为对称图形的投影方向不影响断面形状，因此可省略箭头。不对称图形应标注剖切符号、投影箭头、字母名称"×—×"。

③ 当移出断面图按投影关系配置时，因为投影关系明确，所以不论断面为对称或不对称图形，均可省略投影箭头。

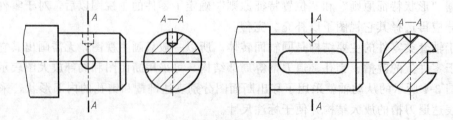

图 3-7　断面图的画法二

（3）重合断面图

画在视图轮廓以内的断面图称为重合断面图，如图 3-8 所示。重合断面图可表达机件的简单断面形状，图形紧凑，对应性强，其轮廓线用细实线绘制，断面上应画出统一的剖面符号。当重合断面图的轮廓线与视图的轮廓线重合时，视图的轮廓线仍应连续画出。

重合断面图中对称图形的标注可全部省略，不对称图形应标注剖切符号和投影箭头，省略字母。

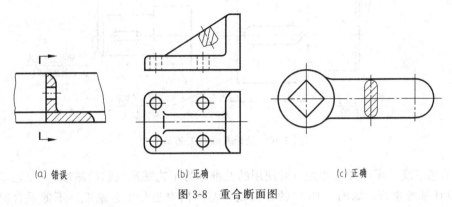

(a) 错误　　　　　　　(b) 正确　　　　　　　(c) 正确

图 3-8　重合断面图

3.1.4 局部放大图

局部放大图详见 GB/T 4458.1—2003。

用大于原图形所采用的比例，放大画出机件部分结构的图形称为局部放大图，简称放大图，如图 3-9 所示。局部放大图主要表达机件的细小结构并便于标注尺寸。

局部放大图可画成视图、剖视图、断面图，它与被放大部位的表达方法无关。局部放大图应尽量配置在被放大部位的附近以便于看图。

局部放大图的标注方法是：在视图上画一细实线圆表示放大部位，在局部放大图的上方标注所用的比例。如果放大图不止一个时，可用罗马数字分别编号。

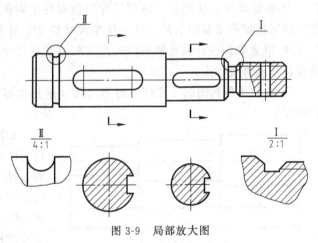

图 3-9　局部放大图

3.2　轴套类零件的尺寸标注

3.2.1 零件图的尺寸标注

零件图中的尺寸不但要求正确、完整、清晰，而且必须合理，即零件的尺寸标注必须满足设计要求和工艺要求。因此必须对零件进行形体分析和工艺分析，从而确定尺寸基准，选择合理的标注形式，根据具体规定和要求标注零件图中的全部尺寸。

（1）正确选择尺寸基准

① 设计基准　根据设计要求确定零件结构位置的基准称为设计基准（主要基准），如图 3-10 所示。

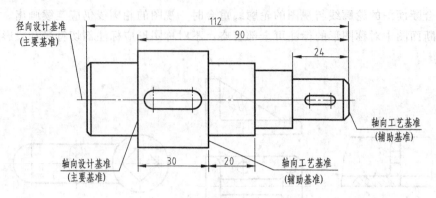

图 3-10 设计基准和工艺基准

② 工艺基准 零件加工和测量时使用的基准称为工艺基准（辅助基准）。工艺基准应尽可能与设计基准重合，如图 3-10 中的轴向设计基准同时也是工艺基准。不能重合时，所注尺寸应在保证设计要求的前提下满足工艺要求，如图 3-10 中的轴向尺寸 24。

必须注意的是，零件在同一方向上只能有一个设计基准，而工艺基准不能超过两个。

（2）合理标注尺寸的基本原则

① 重要尺寸直接标注 重要尺寸是指零件上对机器或部件的使用性能和装配质量或零件的加工精度有重要影响的尺寸，这类尺寸应从设计基准中直接注出。如图 3-10 中的长度尺寸 30 既是轴向设计基准和轴向工艺基准的联系尺寸，又是配合轴段的规定长度，应从轴向设计基准直接注出。

② 避免出现封闭的尺寸链 封闭的尺寸链是指零件在同一方向上的尺寸首尾相接、自行封闭。

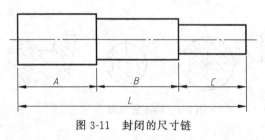

图 3-11 封闭的尺寸链

如图 3-11 所示的分段尺寸与总体尺寸自行封闭，这在实际加工中是不允许的。因为各段尺寸的加工总有一定的尺寸误差，其误差之和不可能正好在总体尺寸的误差范围之内。因此在标注尺寸时，应将最次要轴段的尺寸空出不注（俗称开口环），以使所有的尺寸误差都累积至这一轴段，而主要轴段以及全长的尺寸因此得到保证，如图 3-12（a）所示。如需标注开口环的尺寸，也可将其注成参考尺寸，如图 3-12（b）所示。

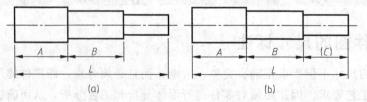

图 3-12 避免出现封闭的尺寸链

③ 尺寸要便于加工和测量 采用不同的加工方法所需的尺寸应分开标注，以便看图加工和测量尺寸，如图 3-13 所示的阶梯轴将车削加工与铣削加工所需的尺寸分开标注就体现了这一原则。

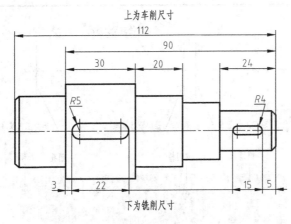

图 3-13　按加工方法标注尺寸一

另外，尺寸标注还应符合加工顺序。如图 3-14 所示的轴类零件的车削加工，就应先加工退刀槽（4×ϕ15），再加工轴段（ϕ20×31）。

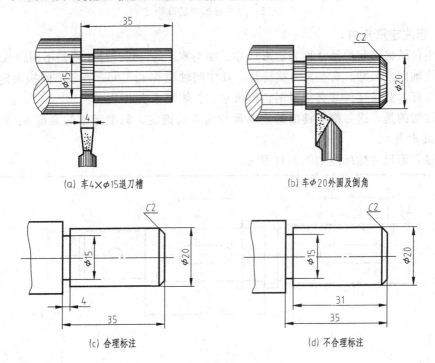

图 3-14　按加工方法标注尺寸二

3.2.2　从动轴的尺寸标注

（1）分析形体，确定基准

从动轴的外形为同轴回转体，阶梯形分布，工艺结构有销孔、倒角、键槽、退刀槽，属轴套类典型零件中的轴类零件，其径向设计基准（主要基准）为对称中心线，轴向设计基准为开口环的右侧轴肩，左侧轴肩和右端面为轴向工艺基准（辅助基准），如图 3-15 所示。

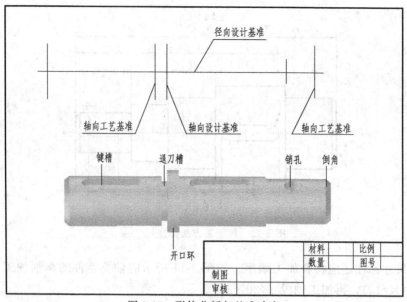

图 3-15　形体分析与基准确定

（2）标注定形尺寸

确定零件结构形状的尺寸称为定形尺寸。轴类零件的定形尺寸主要是不同轴段的直径尺寸和长度（轴向）尺寸，有些可直接标注，如中间轴段ϕ44、100，有些需间接确定，如ϕ56轴环为开口环，其长度尺寸必须根据定位尺寸、总体尺寸确定。

必须注意的是，退刀槽和键槽的定形尺寸需查表确定。标准键槽的宽度b、深度t、长度L可查阅附表4。

从动轴定形尺寸的标注如图3-16所示。

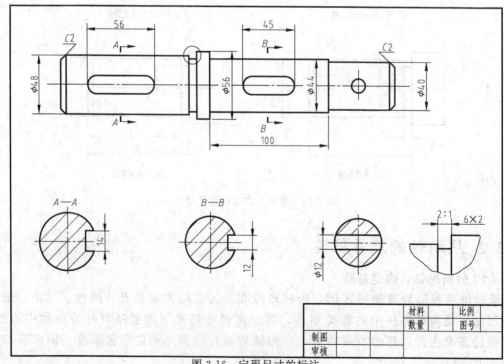

图 3-16　定形尺寸的标注

（3）标注定位尺寸、总体尺寸

确定零件结构位置的尺寸称为定位尺寸，确定零件最大外形的尺寸称为总体尺寸。

轴类零件的定位尺寸主要是指零件中的某些结构相对于轴向基准的位置。如销孔的中心相对于轴向工艺基准的定位尺寸 30、右侧键槽相对于轴向设计基准的定位尺寸 28。

定位尺寸还可间接确定某些轴段的长度。如 $\phi40$ 轴段的长度尺寸为 $156-100=56$，其中 156 就是定位尺寸，用于确定右端面相对于轴向设计基准的距离；100 既是定形尺寸又是定位尺寸，用于确定 $\phi44$ 轴段右端面相对于轴向设计基准的距离。

$\phi56$ 和 284 分别为从动轴径向和轴向的总体尺寸。必须注意的是，径向尺寸 $\phi56$ 既是定形尺寸，又是总体尺寸，应注意区分它们的异同点。

从动轴定位尺寸、总体尺寸的标注如图 3-17 所示。

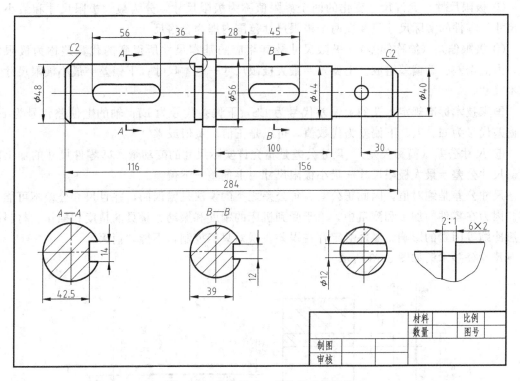

图 3-17 定位尺寸、总体尺寸的标注

3.3 轴套类零件的技术要求

为使轴套类零件达到预定的设计要求和使用性能，更好地体现零件的互换性，零件图中除了视图表达、尺寸标注外，还应注明零件在制造过程中必须达到的技术要求，如极限与配合、形位公差、表面粗糙度、材料和热处理等。技术要求一般用国标规定的代号（符号）标注，其它技术要求可用简明的文字书写在标题栏附近。

3.3.1 极限与配合

极限与配合详见 GB/T 1800—2009。

（1）互换性

互换性指的是相同的零、部件可以互相调换，并能保证规定的精确度。互换性的作用可归结为四个方便：加工方便、装配方便、测量方便、维修方便。

国家标准中极限与配合制度是零、部件满足互换性的最重要的理论基础。

（2）尺寸与公差

① 基本尺寸　设计时根据零件强度、结构和工艺性能要求确定的尺寸称为基本尺寸。基本尺寸一般以整数值表示，单位为 mm（可省略）。

② 实际尺寸　零件在加工过程中通过测量得到的尺寸称为实际尺寸。由于受到量具的精度、材料的热胀冷缩以及人为因素的影响，测量必定存在误差，所以实际尺寸仅为参考值，并非真值。

③ 极限尺寸　允许尺寸变化的两个界限值称为极限尺寸，分为最大极限尺寸和最小极限尺寸。零件的实际尺寸只要在两个极限尺寸范围内即为合格尺寸。

④ 极限偏差（简称偏差）　极限尺寸减其相应的基本尺寸所得到的代数差称为极限偏差，由上偏差、下偏差组成。上偏差＝最大极限尺寸－基本尺寸；下偏差＝最小极限尺寸－基本尺寸。

国家技术标准规定，孔的上偏差代号为 ES，下偏差代号为 EI；轴的上偏差代号为 es，下偏差代号为 ei。上、下偏差为代数值，可以是正值、负值或零。

⑤ 尺寸公差（简称公差）　尺寸公差是指允许实际尺寸的变动量，即零件尺寸的加工范围。尺寸公差＝最大极限尺寸－最小极限尺寸＝上偏差－下偏差。

尺寸公差是绝对值，因此正公差、负公差之类的说法是错误的，并且尺寸公差不可能为零。因为在零件的加工和测量中，由于受到机床的精度和振动、量具的精度和操作、材料的热胀冷缩等因素的影响，零件必定存在误差。误差只能控制，不能"消灭"。

尺寸公差术语如图 3-18 所示。

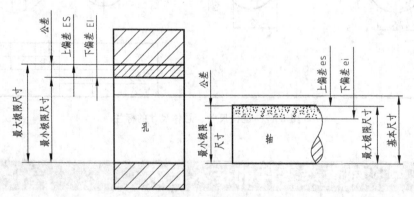

图 3-18　尺寸公差术语

（3）零线与公差带

在公差带图中确定极限偏差的一条基准直线称为零偏差线，简称零线。一般以零线表示基本尺寸。代表上、下偏差的两条水平直线所限定的一个区域称为公差带。

为清晰、直观地反映尺寸公差与基本尺寸之间的关系，可将两者按近似的放大比例画成简图，这种简图就称为公差带图。

零线与公差带之间的关系如图 3-19 所示。

（4）标准公差与基本偏差

① 标准公差 确定公差带大小的某一标准值称为标准公差，用代号"IT"表示。国标规定的公差等级共分20级：IT01、IT0、IT1 ～ IT18。数字越大，等级越低，工程中常用 IT5 ～ IT18。

标准公差的具体数值可根据基本尺寸和公差等级查附表 6 确定。

② 基本偏差 确定公差带相对于零线位置的上偏差或下偏差称为基本偏差。基本偏差一般是指靠近零线的那个偏差。国家标准用大、小写的拉丁字母对孔和轴各规定了 28 个不同的基本偏差，其基本偏差系列如图 3-20 所示。

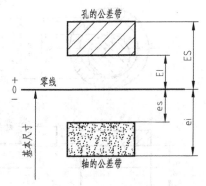

图 3-19 公差带图

说明：大写拉丁字母表示孔的基本偏差，小写拉丁字母表示轴的基本偏差。

公差带位于零线之上时，基本偏差为下偏差；公差带位于零线之下时，基本偏差为上偏差。基本偏差代号为"H"时，基本偏差为下偏差 EI ＝ 0；基本偏差代号为"h"时，基本偏差为上偏差 es＝0。

基本偏差的绝对值相等而符号相反时（JS，js），上、下偏差均可作为基本偏差。

③ 公差带代号及含义 公差带代号由基本偏差代号和公差等级代号组成，常用于配合孔或配合轴的尺寸标注。

例如 ϕ50H8：基本尺寸 ϕ50、公差等级 8 级、基本偏差为 H 的孔的公差带。

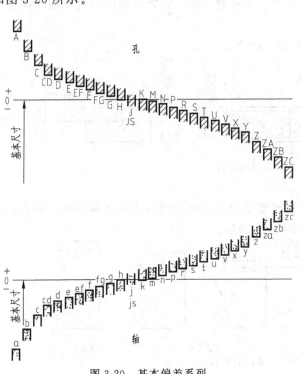

图 3-20 基本偏差系列

又如 ϕ50f7：基本尺寸 ϕ50、公差等级 7 级、基本偏差为 f 的轴的公差带。

（5）配合类型

基本尺寸相同、相互结合的孔和轴公差带之间的关系称为配合，其类型如下。

① 间隙配合 孔的公差带完全在轴的公差带之上，孔、轴之间具有间隙（包括最小间隙为零）的配合称为间隙配合，如图 3-21 所示。

孔、轴间隙配合的基本偏差代号分别为：A～H，a～h。

② 过盈配合 孔的公差带完全在轴的公差带之下，孔、轴之间具有过盈（包括最小过盈为零）的配合称为过盈配合，如图 3-22 所示。

孔、轴过盈配合的基本偏差代号分别为：P～ZC，p～zc。

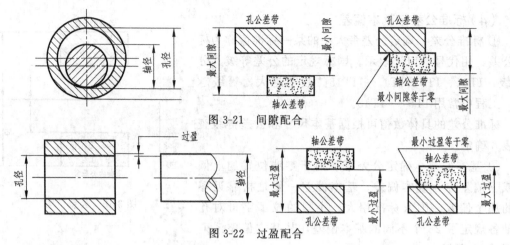

图 3-21 间隙配合

图 3-22 过盈配合

③ 过渡配合 孔的公差带和轴的公差带互相重叠,孔、轴之间间隙和过盈同时存在的配合称为过渡配合,如图 3-23 所示。

孔、轴过渡配合的基本偏差代号分别为:J~N,j~n。

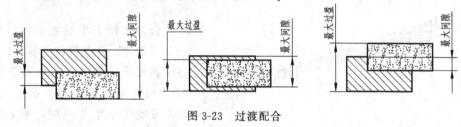

图 3-23 过渡配合

（6）基准制度

① 基孔制 孔的公差带位置不变,只改变轴的公差带位置得到的各种不同的配合,这种配合制度称为基孔制（以轴配孔）,如图 3-24 所示。

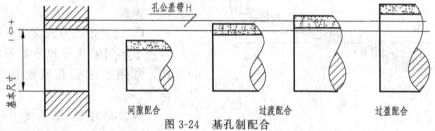

图 3-24 基孔制配合

说明:基孔制中的孔为基准孔,是配合中的基准件。国家技术标准规定基准孔的下偏差为零（EI＝0）,"H"为基孔制中基准孔的基本偏差代号（识别代号）。

② 基轴制 轴的公差带位置不变,只改变孔的公差带位置得到的各种不同的配合,这种配合制度称为基轴制（以孔配轴）,如图 3-25 所示。

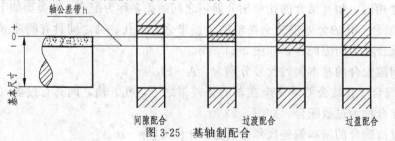

图 3-25 基轴制配合

说明：基轴制中的轴为基准轴，是配合中的基准件。国家技术标准规定基准轴的上偏差为零（es＝0），"h"为基轴制中基准轴的基本偏差代号（识别代号）。

③ 基准制度的选择　因为回转类孔的加工采用的是定值刀具（如麻花钻），轴的加工采用的是非定值刀具（如车刀），所以轴的加工比较方便，并且容易提高加工精度。又因为孔是内径尺寸，测量比较困难，而轴是外径尺寸，测量比较方便。因此，基准制度的选择原则是：一般情况下，优先采用基孔制，即尽可能改变轴的尺寸以达到和孔的配合精度，特殊情况下，允许采用基轴制。

以标准滚动轴承为例，其内圈为不能变动的孔类尺寸（标准件），因此必须与轴颈采用基孔制配合；而外圈同样为不能变动的轴类尺寸，因此只能与机架采用基轴制配合。

必须注意的是，当孔轴的配合精度较高时，孔的公差等级应比轴的公差等级低一级，如 H7/g6、G7/h6；孔轴的配合精度较低时，它们的公差等级同级，如 H9/d9、D9/h9。当孔轴的配合类型为间隙定位，此时即可采用基孔制，又可采用基轴制，如 H8/h7。

④ 配合代号及含义　配合代号由孔和轴的公差带代号组成，并以分式表示。附表 9 为国家标准规定的 13 种优先配合。在测绘或新产品设计时，孔轴的公差带以及配合均可参照该表确定。

例如，$\phi50H8/f7$：基本尺寸 $\phi50$、公差等级 8 级、基本偏差为 H 的基准孔与公差等级 7 级、基本偏差为 f 的配合轴的基孔制的间隙配合。

又如 $\phi50S7/h6$：基本尺寸 $\phi50$、公差等级 7 级、基本偏差为 S 的配合孔与公差等级 6 级、基本偏差为 h 的基准轴的基轴制的过盈配合。

（7）极限偏差的查表

例如 $\phi50H8/f7$

$\phi50H8$：基准孔的极限偏差可由附表 7 查取。在表中由基本尺寸从大于 40 至 50 的行与公差带 H8 的列相交处查得 $^{+39}_{0}$（单位为 μm，以 mm 为单位时即为 $^{+0.039}_{0}$），所以 $\phi50H8$ 的 ES ＝＋0.039，EI ＝0，可写成 $\phi50^{+0.039}_{0}$。

$\phi50f7$：配合轴的极限偏差可由附表 8 查取。在表中由基本尺寸从大于 40 至 50 的行与公差带 f7 的列相交处可查得 $\phi50f7$ 的 es＝－0.025，ei＝－0.050，可写成 $\phi50^{-0.025}_{-0.050}$。

（8）极限与配合的标注

极限与配合在零件图中的标注可分为公差带代号、极限偏差、公差带代号结合极限偏差三种标注形式。用公差带代号标注强调配合，极限偏差标注强调加工，而公差带代号结合极限偏差的标注形式既强调配合，又便于加工，但不宜过多使用，以免图样中的尺寸过于繁杂，不够清晰。装配图中的极限与配合全部采用公差带代号，并以分式的形式标注。

极限与配合在零件图和装配图中的标注如图 3-26 所示。

3.3.2　形状和位置公差

形状和位置公差详见 GB/T 1182—1996。

评定零件加工质量的因素是多方面的。零件的加工尺寸固然会影响零件的质量，但零件加工后的几何形状、相对位置等的变化也会影响零件的质量。

在零件的实际加工中，由于受到机床的振动、刀具的切削、量具的精度、加工者的技术水平、材料的热胀冷缩等诸多因素的影响，零件必然会产生加工误差，其中就包括形状误差和位置误差，简称形位误差。

图 3-27（a）所示为一理想形状（轴线为直线）的销轴，而加工后轴线的实际形状变成

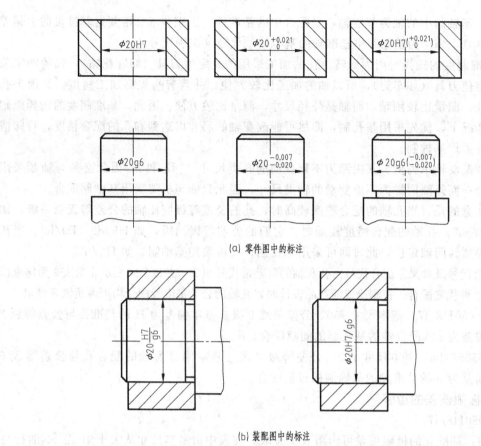

(a) 零件图中的标注

(b) 装配图中的标注

图 3-26　极限与配合的标注方法

了曲线，因此产生了直线度误差（形状误差），如图 3-27（b）所示。

图 3-28（a）所示为一要求上、下表面互相平行的正四棱柱，而加工后上表面的实际位置变成倾斜，因而产生了平行度误差（位置误差），如图 3-28（b）所示。

(a)　　　　　　(b)

图 3-27　形状误差

(a)　　　　(b)

图 3-28　位置误差

如果零件存在严重的形位误差，不但会使装配困难，而且还会影响机器或部件的工作性能和寿命。鉴于误差只能控制、不能消除，对于精度要求高的零件，除给出尺寸公差外，还应根据设计要求合理地确定形状和位置误差的最大允许值，即形状和位置公差。

形状公差是指实际要素的形状所允许的变动量，而位置公差是指实际要素的位置相对于基准要素的位置所允许的变动量。

（1）框格代号和基准符号

① 框格代号　形位公差的框格代号由框格和指引线箭头两部分组成，如图 3-29 所示。

框格一般有三格（形状公差为两格）：左起第一格为形位公差项目符号；左起第二格为公差带形状、形位公差值（单位 mm，省略）；左起第三格为基准字母 A、B、C 等。

指引线箭头用以指明被测要素，一般从左端垂直引出，且最多只能有一个转折。特殊情况下可从右端垂直引出。形位公差的名称和符号如表 3-1 所示。

表 3-1 形位公差的名称和符号

分 类	名 称	符 号	分 类		名 称	符 号
提示：形位公差项目共有 14 项，比较常用的是直线度公差、平面度公差、圆度公差、圆柱度公差、平行度公差、垂直度公差、同轴度公差、对称度公差、圆跳动公差			位置公差	定向	平行度	//
					垂直度	⊥
形状公差	直线度	—			倾斜度	∠
	平面度	▱		定位	同轴度	◎
	圆度	○			对称度	=
	圆柱度	⌭			位置度	⊕
形状公差或位置公差	线轮廓度	⌒		跳动	圆跳动	↗
	面轮廓度	⌓			全跳动	⌰

② 基准符号　形位公差的基准符号由细圆、字母、垂直短线三部分组成。细圆内水平书写基准字母 A、B、C 等，粗短线靠近基准要素标注，如图 3-29 所示。

（2）标注方法

任何机械零件都是由点、线、面三个基本要素组成的，形位公差中的具体要素又可分为两大部分：被测要素和基准要素。

被测要素是指需要测量形状或位置误差的要素，而基准要素是用来确定理想被测要素方向或位置的要素。

① 被测要素　其由形位公差框格代号中的指引线箭头直接标注。

当被测要素为整体中心轴线或

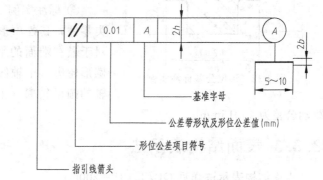

图 3-29　形位公差框格代号及基准符号

公共中心平面时，指引线箭头可直接标注在公共轴线或公共中心线上，如图 3-30（a）所示。

当被测要素为轴线、球心或中心平面时，指引线箭头应与该要素的尺寸线明显对齐，如图 3-30（b）所示。

当被测要素为交线或表面等实体时，指引线箭头可直接标注在该要素的轮廓线或引出线上，并与该要素的尺寸线明显分开，如图 3-30（c）所示。

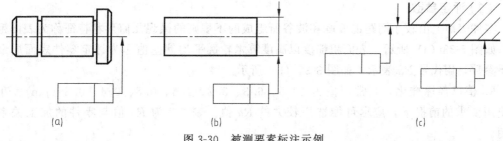

图 3-30　被测要素标注示例

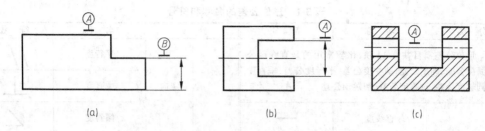

图 3-31　基准要素标注示例

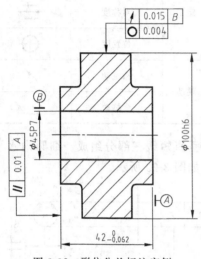

图 3-32　形位公差标注实例

② 基准要素　当基准要素为交线或表面等实体时，基准符号应靠近该要素的轮廓线或引出线标注，并与尺寸线明显分开，如图 3-31（a）所示。

当基准要素为轴线、球心或中心平面时，基准符号应与该要素的尺寸线明显对齐，如图 3-31（b）所示。

当基准要素为整体中心轴线或公共中心平面时，基准符号可直接靠近公共轴线或公共中心线标注，如图 3-31（c）所示。

③ 标注实例　如图 3-32 所示的轴套类零件中的套类零件，其各项形位公差标注的含义是：最左端面相对于最右端面的平行度公差为 0.01mm；ϕ100h6 轴的圆形轮廓（$\perp$轴线）的圆度公差为 0.004mm；ϕ100h6 轴的圆形轮廓（$\perp$轴线）相对于 ϕ45P7 孔的轴线的圆跳动公差为 0.015mm。

3.3.3　表面结构表示法

表面结构表示法详见 GB/T 131—2006。

零件的表面结构要求主要包括粗糙度、波纹度、加工方法信息、表面纹理等，其中的表面粗糙度是表面结构表示法中最常见、最实用的表面结构要求。

零件在加工过程中，受刀具形状和刀具与工件之间的摩擦、机床振动以及零件金属表面的塑性变形等因素的影响，其表面不可能绝对光滑。一般情况下，零件表面不同的粗糙度是由不同的加工方法形成的。

表面粗糙度是评定零件表面质量的一项重要技术指标，降低零件的表面粗糙度可以提高其表面耐磨、耐腐蚀、抗疲劳等性能，但其加工成本也相应提高。

（1）评定参数

零件表面上由较小间距的波峰和波谷所组成的不规则的微观几何形状特征称为表面粗糙度，如图 3-33（a）所示。表面粗糙度以高度算术轮廓平均偏差值作为评定零件表面质量的主要参数，用代号 Ra 表示，如图 3-33（b）所示。

Ra 值已经标准化，其常用值为 12.5、6.3、3.2、1.6、0.8、0.4、0.2（μm）。在满足使用要求的前提下，应尽可能选用较大的 Ra 值。表 3-2 为 Ra 值与零件的加工关系及应用。

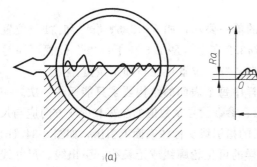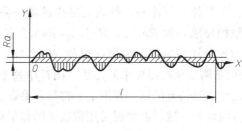

(a)　　　　　　　　　　　　　(b)

图 3-33　表面粗糙度

表 3-2　*Ra* 值与金属切削加工的关系

$Ra/\mu m$	表面特征	主要加工方法	应用举例
100、50	明显可见刀痕	粗车、粗铣、粗刨、钻、粗纹锉、粗砂轮加工等	粗糙度最低的加工面,一般很少使用
25	可见刀痕		
12.5	微见刀痕	粗车、刨、立铣、平铣、钻等	用于非接触表面、不重要的接触面,如螺钉孔、倒角、机座底面等
6.3	可见加工痕迹	精车、精铣、精刨、粗铰、粗镗、粗磨等	用于没有相对运动的接触面,如键和键槽的工作表面、箱体和端盖等要求紧贴的表面;又可用于相对运动速度不高的接触面,如支架孔、衬套等
3.2	微见加工痕迹		
1.6	看不见加工痕迹		
0.8	可辨加工痕迹方向	精铰、精镗、精磨、精拉等	用于密合要求高的接触面,如与滚动轴承配合的表面;又可用于相对运动速度较高的接触面,如滑动轴承的配合表面、齿轮轮齿的工作表面等
0.4	微辨加工痕迹方向		
0.2	不可辨加工痕迹方向		
0.1	暗光泽面	研磨、抛光、超级精细研磨等	用于精密量具的表面、极重要零件的接触面,如内燃机缸体的内表面、精密机床的主轴颈、镗床的主轴颈等
0.05	亮光泽面		
0.025	镜状光泽面		
0.012	雾状镜面		

（2）标注方法

在工程图样中,对零件表面结构的要求可用多种不同的、具有特定含义的符号和有关参数表示,以反映零件不同的加工方法和性质。表 3-3 为表面结构的符号及意义。

表 3-3　表面结构的符号和意义 （GB/T 131—2006）

符　号	意　　义
∨	基本符号,表示零件表面可用任何方法获得。当不加注粗糙度参数值或有关说明时,仅适用于简化代号的标注,没有补充说明时不能单独使用
√	扩展图形符号,表示零件表面是用去除材料的方法获得(加工表面),如各种车削、铣削、钻削、磨削、剪切、抛光等,为常用粗糙度符号
◇	扩展图形符号,表示零件表面用不去除材料的方法获得(原始表面),如铸造、锻打、冲压、冷轧等,也可用于表示保持上道工序形成的表面
√ ∨ ◇	完整图形符号。当要求标注粗糙度的补充信息时,可在上述三个符号的长边上加一横线,用于标注有关参数或说明
√ ∨ ◇	当视图中封闭的轮廓线所表示的各个表面具有相同的粗糙度要求时,可在上述三个符号的长边上加一小圆
3.5 ∿ 60° 8	当参数值(数字或字母均可)的高度为 2.5 mm 时,粗糙度符号的高度取 8 mm,等边三角形的高度取 3.5 mm。当参数值的高度不是 2.5mm 时,粗糙度符号和三角形符号的高度应相应调整

根据 GB/T 131—2006 规定,零件表面结构要求在不同位置、不同表面的标注方法如下。

① 表面结构补充要求的注写位置　为补充说明零件表面的结构要求,必要时可标注零件的取样长度、加工工艺、表面纹理和方向、加工余量等,以保证零件表面的功能特性,如

图 3-34（a）所示。

说明："a"位置可注写零件表面结构的单一要求，如 Ra12.5；"a"和"b"位置可注写多个表面结构要求，如 Ra3.2、Ra1.6，Ra3.2 在上，Ra1.6 在下；"c"位置可注写加工方法；"d"位置可注写零件的表面纹理和方向；"e"位置可注写加工余量。

② 表面结构要求在图样中的注法　图样中每个表面的结构要求只能标注一次，一般标注在相应的尺寸以及公差的同一视图上。符号、参数代号及数值的注写和读取方向应与尺寸的注写和读取方向保持一致，必要时可用带箭头的指引线从标注表面上引出，如图 3-34（b）所示。

表面结构的符号以及参数可标注在图样的可见轮廓线或延长线、引出线、尺寸线、尺寸界线上，也可标注在形位公差框格的上方。在轮廓线上标注时，符号应指向材料内部。

同一图样的表面结构符号的形状和大小应保持一致，Ra 值必须与表面结构符号的方向一致，其大小比尺寸数字小一号，单位 μm 省略，如图 3-34（c）、（d）所示。

③ 表面结构要求的各种简化注法　用基本符号或扩展符号对有相同表面结构要求的表面简化标注、在圆括号内给出无任何其它标注的基本符号，其表示方法如图 3-34（e）所示。

当多个表面具有相同的表面结构要求时，可用带字母的完整符号以等式的形式在图形或标题栏附近进行简化标注，其表示方法如图 3-34（f）所示。

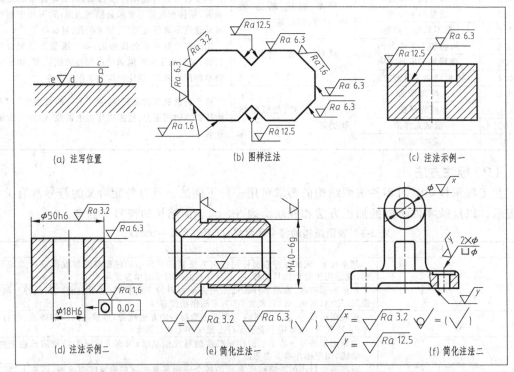

图 3-34　表面结构要求的标注（新国标）

必须注意的是，由于工程图样的连续性、广泛性、习惯性以及新旧国标在应用中的时间差，原有的表面粗糙度标注方法（图 3-24）仍将影响并使用相当长的一段时间，并且新国标的实际效果仍有待实践检验，因此有必要掌握旧国标中表面粗糙度的标注方法。

零件表面结构的两种标注方法有很多共同之处，但仍有一些区别，如图 3-35 所示：在任何情况下，表面粗糙度符号的尖角必须从材料外与标注表面接触并指向材料内部，参数代号 Ra 可省略书写，其值的大小和方向与尺寸数字保持一致；当零件的大部分表面具有相同的表面粗糙度要求时，其符（代）号可统一标注在图样的右上角，大小为原来的 1.4 倍，并在其左侧加注"其余"两字。

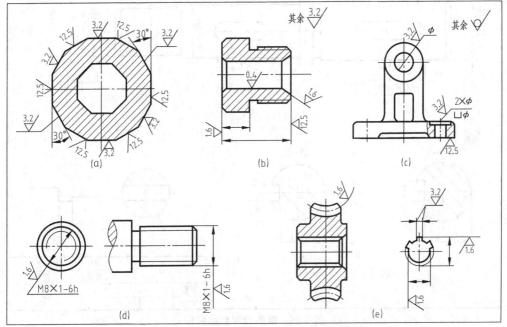

图 3-35　表面粗糙度的标注（旧国标）

3.3.4 从动轴的技术要求

从动轴的技术要求可分为极限与配合、形位公差、表面粗糙度以及文字说明四部分。

（1）极限与配合的标注

从动轴 $\phi48$、$\phi44$、$\phi40$ 轴段与轴上零件内孔的配合均为基孔制的间隙配合，可取公差带代号为 $g6(^{-0.009}_{-0.025})$。另外，根据附表 4 可以确定，当键槽与 A 型普通平键采用松连接时，其宽度公差带代号为 H9，$(d-t)$ 的极限偏差值为 $^{0}_{-0.2}$（d 为轴径，t 为键槽深度）。当轴径 $d=\phi48$ 时，$t=5.5$；$d=\phi44$ 时，$t=5$。

从动轴极限与配合的标注如图 3-36 所示。

（2）形位公差的标注

为控制从动轴 $\phi48$ 轴段中心轴线相对于 $\phi44$ 轴段中心轴线的位置误差，可标注同轴度位置公差，公差值为 $\phi0.01$。为控制 $\phi48$、$\phi44$、$\phi40$ 轴段圆形轮廓的形状误差，可标注圆度形状公差，公差值分别为 0.01、0.02。

具体标注时，指引线箭头一般从框格左端垂直引出，如圆度公差的标注。特殊情况下的指引线箭头也可从右端引出，如同轴度公差的标注（图 3-36 的空白部分需标注尺寸，因此该位置不能标注框格代号）。基准符号的粗短线（如基准 A）必须靠近基准要素标注。

从动轴形状和位置公差的标注如图 3-36 所示。

（3）表面结构要求的标注

从动轴 $\phi48$、$\phi44$、$\phi40$ 轴段均为间隙配合，右侧轴肩为轴向设计基准，因此其表面粗糙度 Ra 值均取 $1.6\mu m$，精车即可完成。左侧轴肩和 $\phi40$ 轴段的右端面为轴向工艺基准（辅助基准），Ra 值可取 $6.3\mu m$。两键槽的工作表面（基孔制的间隙配合表面）Ra 值取 $3.2\mu m$。

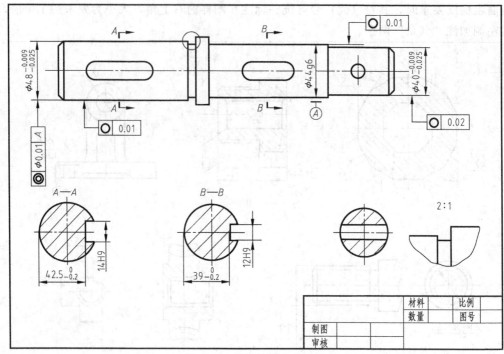

图 3-36 极限与配合的标注

　　具体标注时，表面粗糙度符号可直接标注在加工表面上，如 φ44 轴段的标注。标注位置不够时，也可用辅助线引出标注，如 φ40 轴段的标注。另外可用带箭头的指引线从标注表面上引出，如右侧轴肩的标注。热处理要求、工艺结构要求文字表达于标题栏的附近。

　　从动轴表面结构要求的标注如图 3-37 所示。

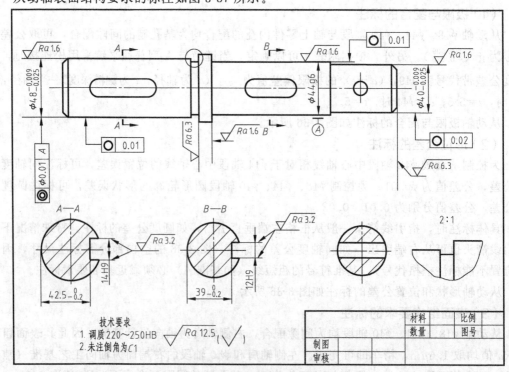

图 3-37　表面结构要求的标注

3.4　轴套类零件图的绘制

轴套类零件图的表达内容、画法以及尺寸标注与组合体视图基本相同。通过对轴套类零件图各项内容的表达，将进一步加深、强化对零件图的理解，进一步提高综合绘图能力。

3.4.1　结构分析与视图表达

（1）零件结构分析

如图 3-38 所示的从动轴模型的主要结构是同轴回转体，径向尺寸阶梯形分布，工艺结构有倒角、轴肩、销孔、键槽、退刀槽，主要作用是安装轴上零件（齿轮、带轮）、传递运动和转矩，主要加工方法是车削、铣削和磨削，属轴套类典型零件中的轴类零件。

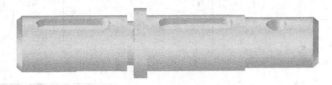

图 3-38　从动轴模型

（2）视图表达方案

① 选择主视图　如图 3-39 所示的主视图，清晰、直观地反映了从动轴的外形轮廓、工作状态、加工位置以及退刀槽、键槽、轴肩、销孔、倒角等工艺结构的形状和位置。

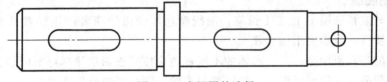

图 3-39　主视图的选择

② 选择其它视图　从动轴的其它视图采用断面图和局部放大图分别表达键槽和销孔的断面形状以及退刀槽的放大结构，并便于标注尺寸和技术要求，如图 3-40 所示。

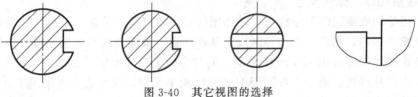

图 3-40　其它视图的选择

3.4.2　绘制方法和步骤

（1）选比例、定图幅

一般采用 1：1 常值比例，便于绘图和读图，并根据从动轴外形轮廓及表达方案定图幅。

（2）确定基准、布置视图

以从动轴的对称中心线为径向设计基准（宽度、高度主要基准），右侧轴肩为轴向设计基准（长度主要基准），左侧轴肩和轴的右端面为轴向工艺基准（长度辅助基准），并根据从动轴的有关尺寸以及表达方案合理布置视图。

从动轴径向和轴向的基准确定以及视图布置如图 3-41 所示。

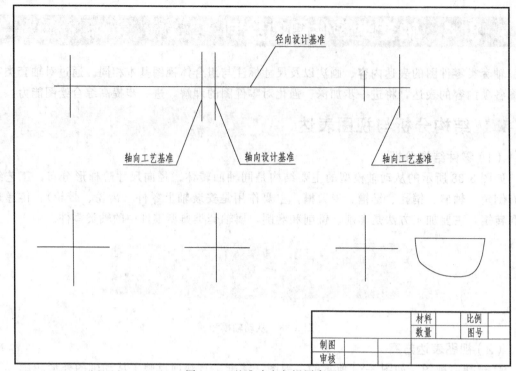

图 3-41　基准确定与视图布置

（3）绘制底稿

绘制底稿时推荐选用 H 或 2H 铅笔，图线颜色深浅以绘图者能正好看见为宜。底稿上的图线可不分线型，全部采用细实线。

绘制底稿的基本原则是：同一形体的不同视图应按照投影规律尽可能同步画。基本顺序是：先整体后部分，先位置后形状，先圆弧后直线，先主要部分后次要部分。

底稿绘制完成后，应根据从动轴结构与视图表达方案仔细检查、勘误，以免影响表达质量。绘制完成的从动轴底稿如图 3-42 所示。轴上键槽的规定画法详见 4.2.3。

（4）检查描深、标注尺寸

参照上述绘制底稿时的顺序检查、描深图线，力求规范、美观、整洁。描深粗实线时推荐选用 HB 或 B 铅笔，图线的粗细、深浅应基本一致。描深点画线、剖面线（具体画法详见 4.1.3）、波浪线时推荐选用 H 或 2H 铅笔，同时注意笔尖的宽度。

尺寸线、尺寸界线以及箭头可采用 H 或 2H 铅笔绘制，尺寸数字可采用 HB 铅笔书写。

标注尺寸时应注意尺寸线、尺寸界线、尺寸线终端的具体画法，注意尺寸数字的具体书写、相邻尺寸的具体位置以及线性、径向、倒角等尺寸标注时的具体规定。

同时应特别注意尺寸标注时的合理性，如键槽的铣削尺寸（56、36、28、45）集中标注于视图的上方，轴段的车削尺寸集中标注于视图的下方，并注意避免封闭的尺寸链。

根据选定的尺寸基准一次标注完成所有的定形、定位、总体尺寸。尺寸标注的基本顺序是：先定形尺寸，后定位尺寸，再总体尺寸。基本原则是：正确、完整、清晰、合理。

从动轴图线的检查描深、尺寸标注（详见 3.2.2）如图 3-43 所示。

（5）标注技术要求、填写标题栏

根据从动轴的加工、装配等实际情况，标注极限与配合、形位公差以及表面粗糙度（新国标 GB/T 131—2006）等技术要求，并以文字说明其热处理要求以及其它补充说明。

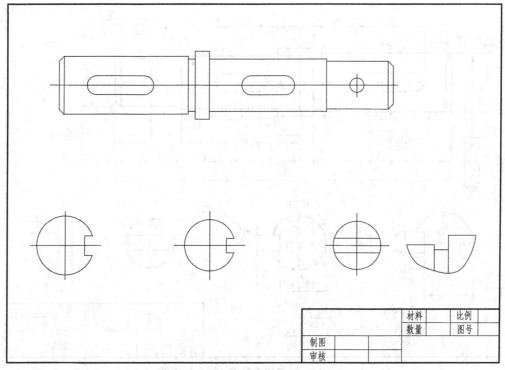

图 3-42　绘制底稿

在标题栏中填写零件的名称、比例、材料、数量、制图者姓名、单位等基本信息。从动轴技术要求的标注（详见 3.3.4）、填写标题栏等内容如图 3-44 所示。

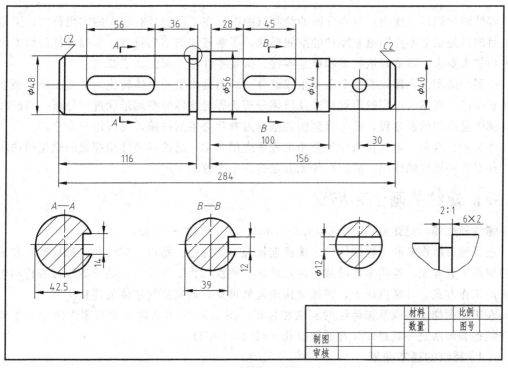

图 3-43　描深图线、标注尺寸

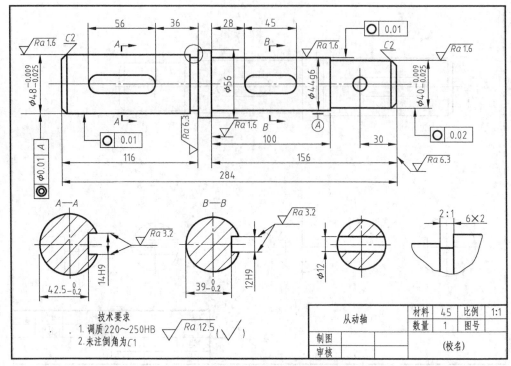

图 3-44　标注技术要求、填写标题栏

⏩ 3.5　轴套类零件图的识读

　　零件图的识读（读图）与零件图的绘制（画图）在工程中具有很大的实用价值。读零件图的目的就是根据零件图想象零件的空间形状，了解零件的结构特点，掌握零件的加工尺寸和各项技术要求，以更好地制造和检验零件，满足零件各方面的加工要求。

　　读图和画图是本课程的两个重要组成部分。画图是将空间物体转化为平面图形，而读图则是根据已有视图、运用投影规律以及形体分析法等对物体的空间形状进行分析、判断和想象。读图是画图的逆过程，是工程制图的基本内容和必备的技能，其应用非常广泛。

　　作为知识准备，本项目将详细介绍工程中应用非常广泛的各种常用螺纹的规定画法和标记，并对各种螺纹的作用、类型、加工方法有一个大致的了解。

3.5.1　螺纹的画法和标记

　　螺纹画法和标记详见 GB/T 4459.1—2003、GB/T 197—2003。

　　在各种机器设备和工程结构中，螺纹连接件（如螺栓、螺母、螺纹孔、螺纹轴）和传动件的应用十分普遍，这些零件的共同特点就是以螺纹作为工作要素，是可拆连接和传动中最常见的工作方式。日常生活中，螺纹结构也随处可见，如瓶盖与瓶体的连接。

　　在工程图样中必须掌握螺纹的画法和标记。图 3-57 所示的调节套筒零件图中，主要的工作结构和画法之一就是细牙普通螺纹孔（M12×1-6H）。

　　（1）螺纹的基本要素

　　在圆柱（或圆锥）表面上，沿着螺旋线形成的、具有相同剖面形状（三角形、梯形、锯齿形等）的连续凸起和沟槽即为螺纹。外表面形成的螺纹称为外螺纹（阳螺纹），内表面形成的螺纹称为内螺纹（阴螺纹）。外螺纹、内螺纹的常用加工方法如图 3-45 所示。

螺纹可根据分布情况分为外螺纹和内螺纹两种，还可根据牙型的不同分为普通螺纹（三角螺纹）、梯形螺纹、锯齿形螺纹、矩形螺纹、管螺纹，根据旋向的不同分为左旋螺纹、右旋螺纹，根据线数的不同分为单线螺纹、多线螺纹。

另外，根据螺纹作用的不同，可分为连接螺纹、传动螺纹、特别用途螺纹。连接螺纹主要有普通螺纹和管螺纹，传动螺纹主要有梯形螺纹和锯齿形螺纹，特别用途螺纹主要有灯泡螺纹、气瓶螺纹、轮胎气门芯螺纹等。

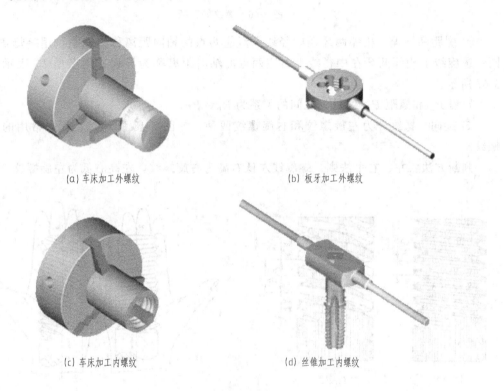

(a) 车床加工外螺纹　　　　　　　　　　　(b) 板牙加工外螺纹

(c) 车床加工内螺纹　　　　　　　　　　　(d) 丝锥加工内螺纹

图 3-45 螺纹的加工

① 牙型 过螺纹轴线的断面所反映的螺纹轮廓形状称为螺纹牙型。常见的螺纹牙型有三角形、梯形、锯齿形、矩形等，其中的矩形螺纹为非标准螺纹。

② 直径 如图 3-46 所示。

大径：与外螺纹的牙顶或内螺纹的牙底相切的假想圆柱（或圆锥）的直径。内、外螺纹的大径分别用 D、d 表示，又可称为螺纹的公称直径。

小径：与外螺纹的牙底或内螺纹的牙顶相切的假想圆柱（或圆锥）的直径。内、外螺纹的小径分别用 D_1、d_1 表示。

顶径：外螺纹的大径 d、内螺纹的小径 D_1 统称为顶径，即牙顶圆直径。

中径：母线通过牙型上凸起和沟槽宽度相等处的假想的圆柱（或圆锥）直径。内、外螺纹的中径分别用 D_2、d_2 表示。

③ 线数 螺纹的螺旋线条数称为线数，又称头数，用字母 n 表示。一条螺旋线所形成的螺纹称为单线螺纹（常用），两条或两条以上螺旋线所形成的螺纹称为多线螺纹，如图 3-47 所示。

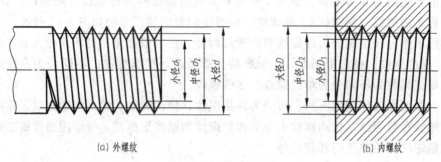

(a) 外螺纹　　　　　　　(b) 内螺纹

图 3-46　螺纹的直径

④ 螺距和导程　相邻两牙在中径线上对应两点的轴向距离称为螺距，用字母 P 表示。同一螺旋线上相邻两牙在中径线上对应两点的轴向距离称为导程，用字母 P_n 表示，如图 3-47 所示。

导程 P_n 和螺距 P、线数 n 之间的关系为 $P_n = Pn$。

⑤ 旋向　螺纹分为左旋螺纹和右旋螺纹两种，如图 3-48 所示。工程中常用的是右旋螺纹。

判断方法：左、右手法则；螺旋线左低右高为右旋螺纹，左高右低为左旋螺纹。

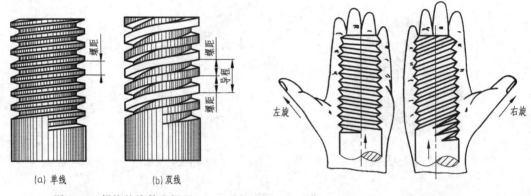

(a) 单线　　　　　(b) 双线

图 3-47　螺纹的线数和螺距

图 3-48　螺纹的旋向

国家技术标准对螺纹的牙型、大径和螺距都有统一规定，这三项要素均符合国家标准的螺纹称为标准螺纹（普通螺纹、梯形螺纹、锯齿形螺纹）。只有牙型符合国家标准的螺纹称为特殊螺纹（矩形螺纹）。内、外螺纹旋合时，上述五项参数必须完全一致。

螺纹的牙型一般不在视图中画出，若需表达可按图 3-49 的方法绘制。各种标准螺纹的具体特点和用途如表 3-4 所示。

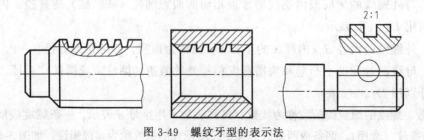

图 3-49　螺纹牙型的表示法

表 3-4　常用螺纹的代号及用途

螺纹种类		螺纹代号	模型图	具体用途
连接螺纹	普通螺纹 粗牙	M		最普通的连接方式,常用右旋
	普通螺纹 细牙			用于各种薄壁零件的螺纹连接或微调、微动装置,如调整螺钉
	管螺纹	G		用于各种水管、油管、气管的普通管道连接,属非螺纹密封形式
传动螺纹	梯形螺纹	Tr		用于各种双向运动和动力的传递,如机床丝杠或平口钳的螺旋传动
	锯齿形螺纹	B		用于各种单向运动和动力的传递,如机械式千斤顶的螺旋传动

（2）螺纹的规定画法

① 外螺纹的画法　外螺纹大径用粗实线表示,小径用细实线表示。螺纹小径可按大径的 0.85 倍绘制。在非圆视图中,小径细实线画入倒角内,螺纹终止线用粗实线表示,如图 3-50（a）所示。

在投影为圆的视图中,表示小径的细实线圆只画约 3/4 圈,螺杆端面上的倒角圆省略不画,如图 3-50（a）、（b）所示。外螺纹剖视画法如图 3-50（b）所示。

② 内螺纹的画法　内螺纹通常采用剖视画法。在非圆视图中,大径用细实线表示,小径和螺纹终止线用粗实线表示,小径取大径的 0.85 倍,剖面线画到粗实线。在投影为圆的视图中,表示大径的细实线圆只画约 3/4 圈,孔口倒角圆省略,如图 3-51 所示。

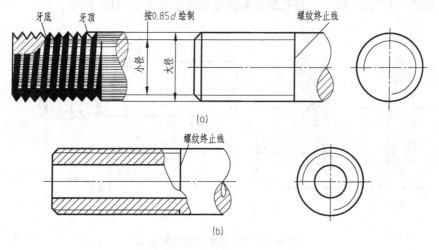

图 3-50　外螺纹的画法

（3）内、外螺纹的连接画法

一般用剖视图的方法直观表达内、外螺纹的连接关系。其中的旋合部分按外螺纹的画法绘制,非旋合部分按各自的画法绘制,如图 3-52 所示。

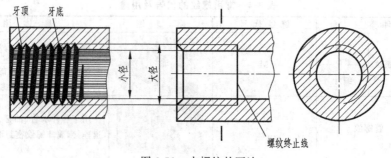

图 3-51　内螺纹的画法

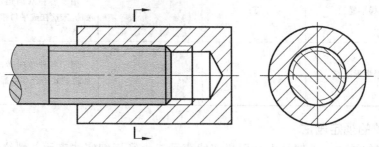

图 3-52　内、外螺纹连接画法一

👆**注意**

　　表示内、外螺纹大径的细实线和粗实线以及表示内、外螺纹小径的粗实线和细实线应分别对齐，剖面线画到粗实线，在剖切平面通过螺纹轴线的剖视图中，实心螺杆（外螺纹）按不剖绘制。

　　另外，盲孔的螺纹终止线到孔的末端的距离可按 0.5 倍大径（0.5D）绘制，锥尖顶角为 120°，如图 3-53（a）所示。盲孔螺纹的连接画法如图 3-53（b）所示。

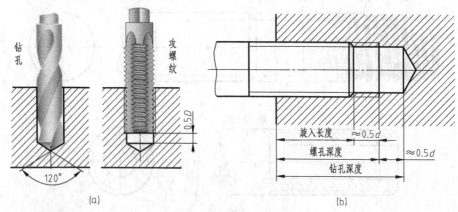

图 3-53　内、外螺纹连接画法二

（4）螺纹的标注

　　螺纹的规定画法并不能表达其类型和基本要素，因此在视图中必须对螺纹进行标注。

　　① 普通螺纹　又可称为三角螺纹，是最主要的连接螺纹。普通螺纹的公称直径与螺距之间的关系可查阅附表 1 确定，其标记的具体内容和格式如下：

| 特征代号 | 公称直径 | × | 螺距 | 旋向 | -中径公差带代号 | 顶径公差带代号 | -旋合长度代号 |

普通螺纹的特征代号用字母 M 表示。其公称直径即螺纹大径。粗牙普通螺纹不必标注螺距，细牙普通螺纹则必须标注。右旋螺纹省略标注旋向，左旋螺纹应标注字母 LH。

中径和顶径的公差带代号由表示其精度公差等级的数字和字母组成。内螺纹用大写字母表示，外螺纹用小写字母表示。若两组公差带代号相同，则只写一组即可。

旋合长度可分为短、中、长三组，其代号分别是 S、N、L。若是中等旋合长度，其旋合长度代号 N 可以省略。

普通螺纹的标记以尺寸标注的形式标注在内、外螺纹的大径上，如图 3-54 所示。

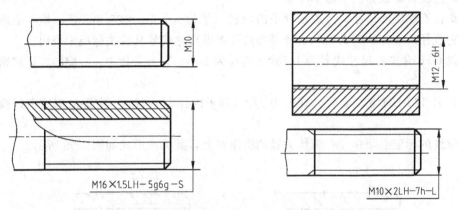

图 3-54　普通螺纹标注示例

例如 M16×1.5LH-5g6g-S 含义：公称直径（大径 d）16mm、螺距（P）1.5 mm、左旋、中径和顶径公差带代号分别为 5g 和 6g、短旋合长度的细牙普通外螺纹。

又如 M12×1-6H 含义：公称直径 12mm、螺距 1mm、中径和顶径公差带代号为 6H 的右旋细牙普通螺纹孔（基准孔）。由图 3-57 可知，其旋合长度为 40mm。

② 传动螺纹　主要是指梯形螺纹和锯齿形螺纹，其标记的具体内容和格式如下：

| 特征代号 | 公称直径 | × | 导程（螺距） | 旋向 | -中径公差带代号 | -旋合长度代号 |

梯形螺纹的特征代号用字母 Tr 表示，锯齿形螺纹用 B 表示，其公称直径即螺纹大径。多线螺纹应标注导程与螺距，单线螺纹只标注螺距。

右旋螺纹省略标注，左旋螺纹应标注字母 LH。传动螺纹只标注中径公差带代号，旋合长度的标记可参照普通螺纹的规定。

例如 Tr40×14（P7）LH-7e 含义：公称直径 40mm、螺距 7mm、导程 14mm、左旋、中径公差带代号 7e、中等旋合长度的双线梯形外螺纹。

梯形螺纹、锯齿形螺纹的标注与普通螺纹相同，如图 3-55 所示。

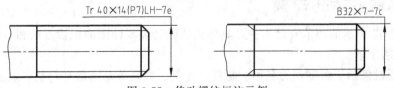

图 3-55　传动螺纹标注示例

③ 管螺纹　分为螺纹密封管螺纹和非螺纹密封管螺纹（常用）两种，一般采用剖视画法，其标记的具体内容和格式如下：

螺纹密封管螺纹　　$\boxed{\text{特征代号}}$ $\boxed{\text{尺寸代号}}$-$\boxed{\text{旋向代号}}$

非螺纹密封管螺纹　　$\boxed{\text{特征代号}}$ $\boxed{\text{尺寸代号}}$ $\boxed{\text{公差等级代号}}$-$\boxed{\text{旋向代号}}$

　　螺纹密封管螺纹可分为：与圆柱内螺纹相配合的圆锥外螺纹，其特征代号为 R_1；与圆锥内螺纹相配合的圆锥外螺纹，其特征代号为 R_2。圆柱内螺纹的特征代号为 Rp，圆锥内螺纹的特征代号为 Rc。螺纹密封管螺纹的公差等级只有一种，可省略标注。

　　非螺纹密封管螺纹的特征代号是 G，它的公差等级代号分为 A、B 两个精度等级。外管螺纹必须标注精度等级，内管螺纹的公差等级只有一种，可省略标注。右旋管螺纹不标注旋向代号，左旋管螺纹标注字母 LH 。

　　注意：管螺纹的尺寸代号表示管子的内径（单位 in，1in＝25.4mm），并不是指螺纹大径或其它直径。管螺纹的大径和小径等参数可根据尺寸代号从有关标准中查出。

　　例如 G1B 含义：尺寸代号为 1（管子内径为 1in）、公差等级 B、右旋的非螺纹密封外管螺纹。

　　又如 $R_1$1/2-LH 含义：尺寸代号为 1/2（管子内径为 1/2in）、左旋的螺纹密封圆锥外管螺纹。

　　管螺纹的标记必须标注在螺纹大径的引出线上，其标注形式如图 3-56 所示。

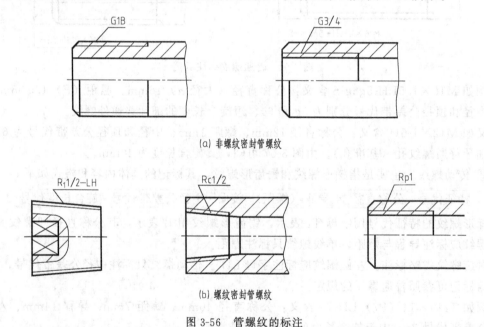

图 3-56　管螺纹的标注

3.5.2 识读方法和步骤

　　现以图 3-57 所示的调节套筒为例，具体说明轴套类零件图的识读方法和步骤。

　　（1）概括了解

　　根据标题栏概括了解零件的名称、材料、比例、数量等基本信息，初步熟悉零件的具体类型、主要作用、工艺结构、基本轮廓。

　　分析：零件名称为调节套筒，材料为 45 号优质碳素结构钢（常用金属材料牌号及用途可查阅附表10），比例 2∶1，数量 12 件，工艺结构有倒角、退刀槽、滚花等。

　　调节套筒的基本轮廓为直径不等的同轴回转体，由手柄（φ72）和不同形状的阶梯轴（内含螺纹孔 M12×1-6H）两部分组成，主要加工方法是车削。调节套筒的主要作用是使与之接触的运动构件产生一定的位移，适用于微调机构，属轴套类典型零件中的套类零件。

（2）形体分析

　　根据形体分析法具体分析零件中每个基本形体的演变过程、形状特征、组合形式以及连接关系，明确每个部分在各个视图中的投影范围以及各部分之间的相对位置，最后仔细分析每一部分的形状结构和具体作用。

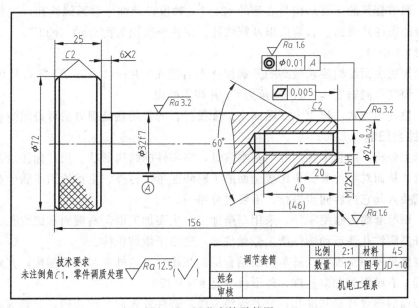

图 3-57　调节套筒零件图

　　分析：调节套筒是由两个同轴回转体叠加而成，工作部分的回转体又有直径和形体的变化，其主要形体是 60°锥形轴段、$\phi 24_{-0.24}^{0}$轴段和细牙普通螺纹孔。调节套筒的手柄部分加工滚花以产生足够的摩擦力方便旋转，其结构特点和形体分析如图 3-58 所示。

（3）视图分析

　　首先根据视图布局确定主视图，然后围绕主视图综合分析每个视图的表达重点和表达方

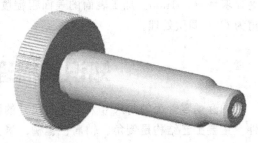

图 3-58　调节套筒模型

法。对于局部视图、剖视图、断面图、局部放大图等各种表达方法，应根据图中所标注的字母或配置关系找到表达部位、投影方向和剖切位置，并根据投影规律分清视图之间以及每个基本形体的投影关系。

　　分析：调节套筒的主视图采用基本视图结合局剖视图（其作用和画法详见 5.1.2）表达调节套筒的主要外形以及内部结构，手柄部分的滚花采用简化画法表示。

（4）尺寸分析

　　根据零件的形体特征，确定零件长、宽、高三个方向上的主要基准以及各个基本形体的

定形尺寸和定位尺寸，并根据总体尺寸想象出零件的空间大小。

分析：调节套筒的径向设计基准（主要基准）为对称中心线，轴向设计基准为工作部分的右端面，其设计基准与工艺基准（辅助基准）重合。调节套筒的主要定形尺寸有 20、40 以及 M12×1-6H、$\phi24_{-0.24}$，主要定位尺寸有 60°、20、40，总体尺寸为 $\phi72$ 和 156。

（5）技术要求

根据极限与配合、形位公差、表面粗糙度的有关标注以及文字说明，确定主要结构和主要加工面，进而确定加工重点，分析加工方法，保证加工质量。

分析：调节套筒的主要结构是右侧的 $\phi24_{-0.24}$ 轴段以及细牙普通螺纹孔，主要加工面是其工作部分的圆柱外表面、右端面以及螺纹孔。圆柱外表面为配合轴（$\phi32f7$），螺纹孔为基准孔（M12×1-6H）。

调节套筒的表面结构要求最高的是螺纹孔和右端面（$Ra=1.6\mu m$），并有具体的形位公差要求（平面度和同轴度），未注倒角为 C1 并调质处理。

调质：热处理方式，淬火＋高温回火。金属材料的常用热处理方法可查阅附表 11。

（6）综合归纳

根据以上分析，综合零件的各项基本信息，将零件的结构形状、尺寸标注以及技术要求等予以归纳，从而对零件有一个比较全面的了解和熟悉。另外，上述读图步骤应在突出重点的同时有机插入其它内容同步进行，不要过分单一。

分析：调节套筒为碳钢零件，采用车削加工，主要加工面是右端面和螺纹孔。调节套筒通过细牙普通螺纹孔使运动构件产生微量位移，适用于微调机构。

调节套筒采用一个视图（基本视图结合局剖视图）表达外形和内部结构，其对称中心线为径向基准，右端面为轴向基准，外形尺寸是 $\phi72×156$。

调节套筒的螺纹孔是基准孔，公差等级 6 级，圆柱外表面是配合轴，公差等级 7 级。右端面的平面度公差要求是 0.005mm，螺纹孔的轴线相对于 $\phi32f7$ 配合轴的轴线的同轴度公差要求是 $\phi0.01mm$。加工表面的表面粗糙度 Ra 值最大是 $12.5\mu m$，最小是 $1.6\mu m$。未注倒角为 C1，调质处理。

知识点梳理和回顾

轴套类零件为轴向尺寸大于径向尺寸的同轴回转体，一般情况下轴为实心件，套为空心件，主要工艺结构是倒角、轴肩、键槽、退刀槽，主要作用是通过轴上回转零件传递运动和转矩，主要材料是优质碳素结构钢（45），主要加工方法是车削、铣削和磨削。

一、知识准备

1. 机械加工工艺结构

车削或磨削时在待加工表面的末端预先加工出标准槽形结构，该结构即为退刀槽或越程槽，其作用是使刀具或砂轮越过加工面实现完全加工。另外在轴或孔的端部加工倒角可便于孔与轴的装配和安全操作，在轴肩或孔肩的底部以圆角过渡可避免零件产生裂纹。

2. 断面图和局部放大图

　　画在视图外的断面图称为移出断面图，主要表达轴类零件的断面形状。移出断面图的轮廓线用粗实线绘制，一般仅画出断面的形状。移出断面图用粗短线表示剖切位置，箭头表示投影方向，字母表示断面图名称。当移出断面图图形对称并配置在剖切符号的延长线上时可全部省略标注。必须注意的是，断面处的回转体结构按剖视绘制，不同断面的剖面符号必须一致，断面图尽可能配置在剖切符号的延长线上。

　　画在视图内的断面图称为重合断面图，主要表达肋板、型材等的断面形状，其轮廓线用细实线表示。当重合断面图的轮廓线与视图重合时，则以粗实线表示。重合断面图断面形状对称时省略投影箭头。任何情况下均可省略表示断面图名称的字母。

　　用大于原图比例画出的图形称为局部放大图。局部放大图以视图、剖视图、断面图的形式表达机件细小部位的结构并便于标注尺寸。局部放大图用细圆表示放大部位，放大图上方以分式表示放大部位的序号以及放大比例（单个局部放大图不用标注序号）。

　　3. 螺纹的画法和标记

　　外螺纹的大径、螺纹终止线画粗实线，小径画细实线及 3/4 细实线圆，倒角圆不画。内螺纹的小径、螺纹终止线画粗实线，大径画细实线及 3/4 细实线圆，倒角圆不画。内螺纹通常采用剖视画法，其剖面符号画到粗实线。盲孔深度应超过螺纹终止线 $0.5D$。

　　内、外螺纹连接时，其连接部分按外螺纹的画法绘制，未连接部分按各自的画法绘制。代表螺纹大、小径的粗、细实线必须对齐，剖面线画到粗实线，省略倒角圆。

　　螺纹标记由螺纹代号、螺距、旋向、公差带代号、旋合长度五项内容组成。螺纹标记可按线性尺寸的标注方法标注在螺纹大径上，螺纹密封管螺纹必须引出标注。

　　4. 技术要求

　　零件图的技术要求具体是指国标规定的极限与配合、形状与位置公差、表面粗糙度以及文字说明的有关工艺结构、材料与热处理等方面的要求。

　　基本尺寸是零件设计时根据工艺或计算给定的尺寸，一般为整数，单位 mm 可省略。极限尺寸分为最大极限尺寸和最小极限尺寸，是零件加工时的两个界限值。零件加工时的实际尺寸只要在两个极限尺寸之内，即为合格尺寸。

　　极限偏差是零件加工时两个重要的代数值，分为上偏差和下偏差，两者的差值即为尺寸公差，其值已经标准化。基本偏差取自最靠近零线（偏差为零）的上偏差或下偏差。

　　配合类型有间隙配合、过渡配合、过盈配合三种。基孔制配合（以轴配孔）的基本偏差代号为 H，基本偏差值为 EI = 0；基轴制配合（以孔配轴）的基本偏差代号为 h，基本偏差值为 es = 0。一般情况下优先采用基孔制，特殊情况下允许采用基轴制。

　　孔与轴的公差带代号由基本偏差和公差等级组成，配合代号由孔与轴公差带代号以分式的形式表示。公差带代号的极限偏差值可查附表 7、附表 8 确定。

　　形位公差的框格代号由指引线箭头和框格组成。指引线箭头表明被测要素，一般从框格左端垂直引出。基准符号应靠近基准要素标注，基准字母水平书写。

　　被测要素为轴线时，指引线箭头应与该要素的尺寸线明显对齐，其余要素的指引线箭头可直接标注在要素（或要素的引出线）上。基准要素的标注与被测要素类似。

　　零件表面的加工质量常用表面粗糙度表示。Ra 值表示零件加工表面的高度算术轮廓平均值，单位为 μm，标注时省略，其书写方向与符号一致。在满足使用要求的前提下尽可能选用较大的 Ra 值以降低生产成本，提高生产效率。

　　表面粗糙度符号的整体应与标注平面平行。符号可直接标注于零件的表面或零件表面的延长线上，也可标注于零件表面的引出线、尺寸线、尺寸界线上。表面粗糙度的新、旧国标表示法必须同时掌握以适应企业需求。

二、轴套类零件图的绘制

1. 结构分析

轴套类零件的主要结构是同轴回转体，轴向尺寸大于径向尺寸，常用的轴类零件的径向尺寸呈阶梯形分布，工艺结构有倒角、轴肩、销孔、键槽、退刀槽等。

2. 视图选择

轴套类零件主视图的选择可依据形状特征原则和位置特征原则确定，其它视图可采用断面图、局部放大图等表达断面形状和工艺结构。

3. 基准确定

轴套类零件的径向设计基准为中心轴线，轴向设计基准一般采用轴向定位齿轮或滚动轴承的轴肩，通常以左、右端面或其它轴肩作为工艺基准。

根据设计要求确定零件结构位置的基准称为设计基准（主要基准），零件加工和测量时使用的基准称为工艺基准（辅助基准）。

4. 尺寸标注

轴套类零件尺寸标注的基本要求是正确、完整、清晰、合理。合理性主要体现在零件上重要尺寸的标注必须符合加工顺序、便于加工和测量、避免出现封闭的尺寸链等方面。

5. 技术要求

轴套类零件除了一般的极限与配合、形位公差、表面粗糙度等方面的技术要求外，还要注意以下三个方面：轴上键槽的长度 L、宽度 b、深度 t 以及对应的极限偏差、公差带代号的确定；退刀槽标准结构的查找；轴颈与滚动轴承内径尺寸的统一。另外，轴套类零件常选用中碳钢（45），一般需调质处理，即淬火＋高温回火以提高表面硬度和心部韧度。

6. 绘图步骤

零件结构分析、视图表达方案、选比例定图幅、布图绘制底稿、检查描深图线、标注尺寸和技术要求、填写标题栏。

三、轴套类零件图的识读

1. 概括了解

根据标题栏概括了解轴套类零件的名称、材料、比例、数量等基本信息，初步熟悉零件的具体类型、主要作用、工艺结构、基本轮廓，并对零件进行形体分析。

2. 视图分析

确定主视图后综合分析每个视图的表达重点和表达方法，根据图中标注的字母或配置关系找到表达部位、投影方向和剖切位置，分清视图之间以及每个基本形体的投影关系。

3. 尺寸分析

根据零件的形体特征，确定零件径向和轴向主要基准以及各个基本形体的定形和定位尺寸，并根据总体尺寸想象出零件的空间大小。

4. 技术要求

根据极限与配合、形位公差、表面粗糙度的有关标注以及文字说明，确定主要结构和主要加工面（配合面或基准面），进而确定加工重点，分析加工方法，保证加工质量。

5. 综合归纳

根据以上分析，综合零件的各项基本信息，将零件的结构形状、尺寸标注以及技术要求等予以归纳，从而对零件有一个比较全面的了解和熟悉。另外，上述读图步骤应在突出重点的同时有机插入其它内容同步进行，不要过分单一。

项目 4
盘盖类零件图的识读与绘制

在工程实际中，盘盖类零件和轴套类零件的应用最为广泛。以齿轮减速器为例，其传动部分就由主动轴、从动轴以及圆柱齿轮组成，而轴向固定滚动轴承并能起到防尘、密封作用的就是轴承盖。减速器中的圆柱齿轮和轴承盖都属于盘盖类典型零件。

本项目将主要阐述四大典型零件中盘盖类零件的视图表达方法（全剖视图）、直齿圆柱齿轮以及键槽的规定画法、尺寸标注和技术要求、盘盖类零件图的识读与绘制，以达到巩固知识、积累经验、提升能力的教学目的。

4.1 盘盖类零件的视图表达

4.1.1 视图表达方案

（1）零件结构分析

盘盖类零件的主要结构是回转体或其它扁平状盘状体，通常有均布的圆孔、肋、铸造圆角等工艺结构以及各种形状的凸缘（如轮齿），主要作用是轴向定位、传动、密封等，主要材料是优质碳素结构钢（45）和灰铸铁（HT150），主要加工方法是铸造、钻削和车削。

图 4-1 所示的圆柱齿轮和右端盖分别属于盘盖类零件中的盘类零件和盖类零件。

(a) 圆柱齿轮　　　　　　　　　　　　　(b) 右端盖

图 4-1　盘盖类零件

（2）视图表达方案

① 选择主视图 盘盖类零件的主视图一般按加工位置和工作位置确定。为了表达此类零件的内部结构和特点，主视图通常采用全剖视图，具体表达方案如图 4-2 所示。

② 选择其它视图 盘盖类零件通常需要基本视图或局部视图以表达其它方向的外形以及零件上均布的孔槽、肋板、轮辐等结构。如图 4-2 所示的圆柱齿轮就采用了局部视图表达其配合内孔的基本形状并便于标注尺寸和技术要求。

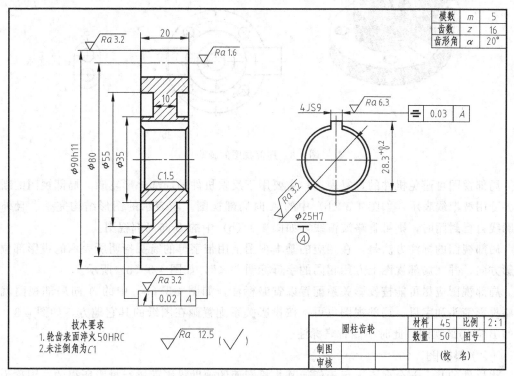

图 4-2 圆柱齿轮零件图

在工程实际中，因为用途的不同而使机件的形状多种多样，此时仅用三视图已经不能完全表达机件复杂的内外形结构，并且不利于标注尺寸和技术要求，因此必须根据不同机件的结构特点采用适当的视图表达方法，正确、完整、清晰地表达各种机件的结构形状。本项目将主要阐述局部视图、斜视图、全剖视图的具体用途、绘制方法以及有关注意事项。

4.1.2 局部视图和斜视图

局部视图和斜视图详见 GB/T 17451—1998、GB/T 4458.1—2003。

当机件的部分外形结构尚未表达清楚、又无必要画出完整的基本视图时，可根据国家技术标准的有关规定采用局部视图或斜视图表达。

局部视图和斜视图是一种非常灵活的视图表达方式，其中局部视图的应用更加广泛。

（1）局部视图

将机件的某一部分向基本投影面投影所得的视图称为局部视图。局部视图是不完整的基本视图，其作用是减少视图数量，简化图形表达，突出表达重点，便于看图和画图。

如图 4-3 所示，主、俯视图已将机件的主要内外形反映清楚，只有两侧凸台的形状和左侧肋板的厚度尚未表达，因此只需画出它们的局部形状即可。

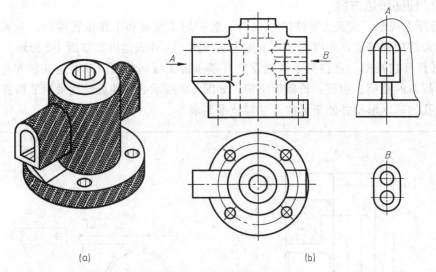

(a)　　　　　　　　　　　　　　(b)

图 4-3　局部视图的画法

局部视图可避免机件的重复表达，主要用于反映机件的局部外形轮廓。局部视图的断裂边界可用波浪线表示，如图 4-3（b）中的 A 向局部视图。当表示的图形结构完整、且外形轮廓线自行封闭时，则可省略波浪线，如图 4-3（b）中的 B 向局部视图。

局部视图的标注方法是：在相应的基本视图上用带字母的箭头指明所表示的投影部位和投影方向，并在局部视图上方用相同的字母标明"×"，如图 4-3（b）所示。

局部视图应尽可能按投影关系配置以省略标注，如图 4-3（b）中的 A 向局部视图就可省略投影箭头和字母。局部视图也可不按投影关系配置画在图纸的其它地方，如图 4-3（b）中的 B 向局部视图，此时不能省略标注。

（2）斜视图

将机件的某一部分向不平行于任何基本投影面的辅助投影面进行投影所得的视图称为斜视图。斜视图可反映机件倾斜部分的实形，避免机件局部外形的失真。

如图 4-4（a）所示是一个弯板形机件，它的倾斜部分在俯视图和左视图上的投影都不是实形，画图和看图都比较困难，因此可另设一个平行于该倾斜部分的辅助投影面，在该投影面上仅画出倾斜部分的实形投影，如图 4-4（b）中的 A 向斜视图所示。

斜视图的标注方法与局部视图类似。为了画图方便，可以旋转斜视图，但必须在其上方注明旋向标记，箭头必须指向字母，如图 4-4（b）所示。

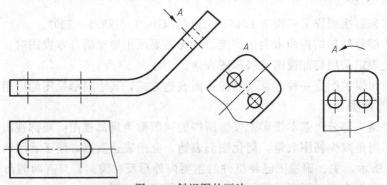

图 4-4　斜视图的画法

（3）注意事项

① 局部视图和斜视图主要表达机件的局部外形，但选用时应注意其区别。

② 斜视图必须全部标注投影箭头和字母，在任何情况下都不能省略标注。

③ 画斜视图时增设的投影面只垂直于一个基本投影面，因此机件上原来平行于基本投影面的一些结构应以波浪线为界省略不画，以避免出现失真的投影。

4.1.3　全剖视图的绘制

（1）剖视图的形成

当机件的内部结构比较复杂时，视图的虚线也将随之增多。为了清晰表达机件的内部结构，便于看图和标注机件内部的有关尺寸，可根据 GB/T 17452—1998 和 GB/T 4458.6—2003 的有关规定用剖视图表达。

用一个剖切平面剖开机件，将处于观察者和剖切平面之间的那部分机件假想移去，其余部分向基本投影面投影所得的视图称为剖视图，简称剖视。

图 4-5（b）所示机件的主视图，如果用虚线表达其内部结构时就显得不够清晰。如果按图 4-5（a）所示的表达方法，假想沿机件的前后对称平面将其剖开，移去剖切平面前面的部分，其余部分向正投影面投影，所得的主视图就是剖视图，如图 4-5（c）所示。

基本视图与剖视图的区别是：基本视图主要表达机件的外部形状，内部结构采用虚线表示。剖视图主要表达机件的内部结构并用粗实线表示，便于看图和标注尺寸。

（2）剖视图的画法

① 确定剖切位置　画剖视图时，首先要选择合适的剖切位置，使剖切平面尽量通过较多的内部结构或对称平面，并平行于选定的基本投影面，如图 4-5（c）中就以机件的前后对称平面作为剖切平面的剖切位置。

② 画出可见部分　机件剖开后，处于剖切平面之后的所有可见轮廓线都应画出，不能遗漏。另外，凡是被剖到的部分都应画出剖面符号，简称剖面线（GB/T 4457.5—2002）。

金属材料的剖面符号一般应画成与水平方向成 45°的互相平行、间隔均匀的细实线，如图 4-5（c）所示。同一机件、不同视图剖面符号的方向和间隔应保持一致。

③ 视图完整画出　剖视图只是用剖切平面假想将机件剖开，因此剖视图表达完成后，其它视图仍应完整画出，如图 4-5（c）所示。

④ 一般省略虚线　如果剖视图与其它视图已将机件的内外形状表达清楚，则可省略虚线。如图 4-5（c）所示的正面投影，左侧悬板上平面的不可见部分即可不画虚线。

（3）剖视图的标注

用粗短线表示剖切符号以标明剖切平面的位置，并注写字母；用箭头指出投影方向；在剖视图上方用相同的字母标出剖视图的名称"×—×"，如图 4-5（c）所示。

绘制剖视图时必须注意以下几点。

① 剖视图只是一种表达机件内部结构的绘图方法，并不是真正剖开或拿走机件的某一部分，因此剖视图完成后，其它机件仍应完整画出。

② 剖视图中一般不画虚线，但如果画少量虚线可以减少视图数量而又不影响剖视图的清晰时，也可画出虚线。

③ 机件剖开后，凡是可见的轮廓线都应画出，不能遗漏。如图 4-6 所示的不同底板的剖视图，应仔细分析未剖到部分的形状结构，分析各有关视图的投影特点，以免画错。

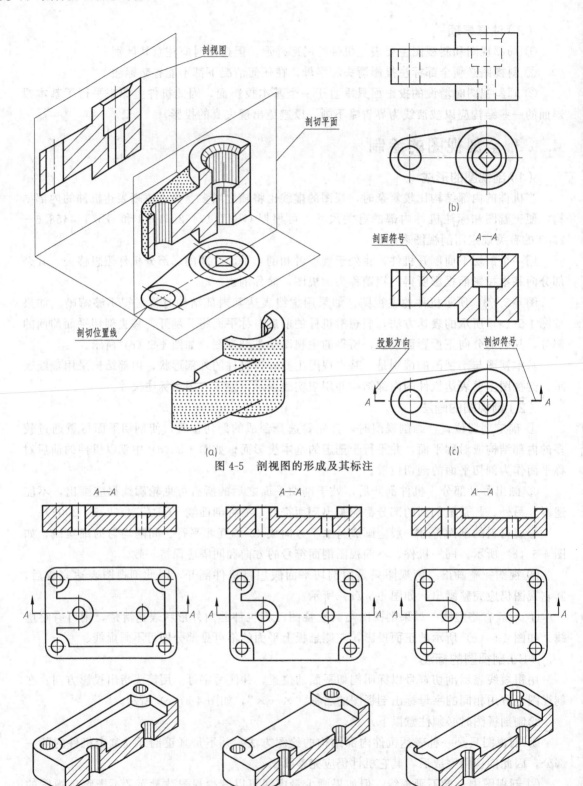

图 4-5　剖视图的形成及其标注

图 4-6　不同底板的剖视图

【例 4-1】　求作图 4-7（c）所示机件的剖视图，注意阶梯孔的剖视画法。

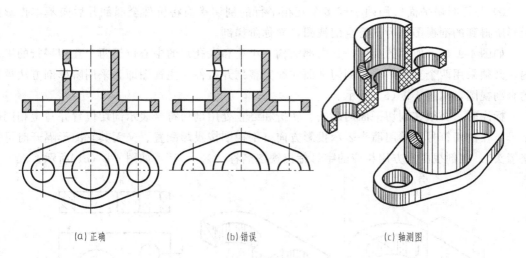

（a）正确　　　　　　　　（b）错误　　　　　　　　（c）轴测图

图 4-7　剖视图的画法

　　分析：如图 4-7（c）所示，剖切平面剖开机件后虽然剖面处是断开的，但阶梯孔的后面还有半个环形平面，其台阶面的投影是连续的。另外，因为剖切是假想的，因此俯视图仍应完整画出，如图 4-7（a）所示。阶梯孔以及视图的错误画法如图 4-7（b）所示。

（4）全剖视图的种类

　　① 单一剖切平面　只用一个剖切平面将机件全部剖开后向基本投影面投影所得到的剖视图称为单一全剖视图，简称单一剖，如图 4-8 所示的主视图和左视图。

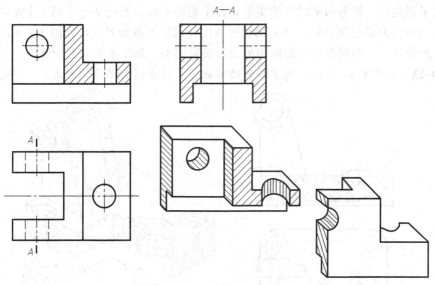

图 4-8　单一全剖视图及其标注

　　单一全剖视图可按前述规定标注。当剖切平面通过机件的对称平面或基本对称平面、且全剖视图是按投影关系配置、中间又无其它视图隔开时，可省略标注。

　　如图 4-8 所示，主视图的剖切平面通过前后对称平面，可省略标注；左视图的剖切平面没有通过左右对称平面，因此必须标注。但它是按投影关系配置的，所以箭头可以省略。

单一全剖视图主要表达外形简单、内形复杂、内部结构的中心位置在同一平面上的机件。

② 平行剖切平面 用两个或多个互相平行的剖切平面将机件全部剖开后向基本投影面投影所得到的剖视图称为平行全剖视图，简称阶梯剖。

如图 4-9（a）所示的机件，其内部结构（小孔和大孔）的中心位于两个互相平行的平面内，必须采用两个互相平行的剖切平面才能完整剖开机件。主视图即为采用阶梯剖方法得到的全剖视图，如图 4-9（c）所示。

标注时，必须在剖切平面的起始、转折和终止处用剖切符号表示剖切位置并写上相同的字母；在剖切符号两端用箭头表示投影方向（剖视图按投影配置、又无其它图形隔开时可省略箭头）；在剖视图上方用相应的字母标出视图名称"×－×"，如图 4-9（c）所示。

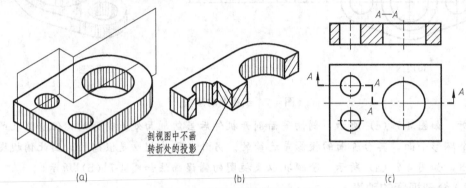

图 4-9 平行全剖视图及其标注

平行全剖视图适用于表达内部结构的中心位置排列在两个或多个互相平行的平面内的机件，剖切平面均为投影面平行面。必须注意以下几点。

a. 为了表达孔、槽等内部结构的实形，几个剖切平面应同时平行于同一个基本投影面。

b. 因为机件是假想剖开的，所以剖切平面的转折处不画分界线，如图 4-9（b）所示。

c. 一般情况下，剖视图中内部结构的投影必须完整，如图 4-9（c）所示。

【例 4-2】 求作图 4-10（b）所示机件的剖视图，注意剖切平面的确定。

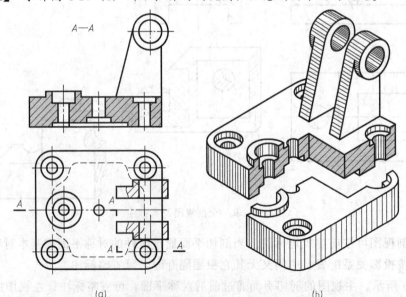

图 4-10 平行全剖视图的画法

分析：机件的内部结构由两个大小不等的阶梯通孔、四个安装孔以及底槽组成，可采用两个通过孔、槽中心轴线的互相平行的正平面剖开机件，如图 4-10（b）所示。必须注意的是，机件剖开后，其可见部分应全部画出，如图 4-10（a）所示。

③ 相交剖切平面 用两个或多个相交的剖切平面将机件全部剖开后向基本投影面投影所得到的剖视图称为相交全剖视图，简称旋转剖。相交剖切平面的交线应垂直于某一基本投影面。

如图 4-11（a）所示的法兰盘，中间的大圆孔和均布在四周的小圆孔都需假想剖开以表达内形。现用相交于法兰盘轴线的正平面和侧垂面剖切，并将位于侧垂面上的剖切面绕轴线旋转到和正平面共面的位置，即可得到相交全剖视图，如图 4-11（b）所示。

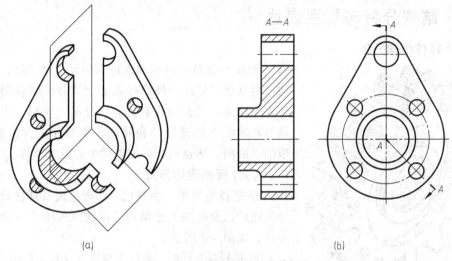

图 4-11 相交全剖视图及其标注

相交全剖视图适用于表达有回转轴线而轴线恰好是剖切平面交线的机件，剖切平面为投影面平行面和投影面垂直面。必须注意以下几点。

a. 相交全剖视图必须全部标注剖切符号、投影箭头、视图名称，如图 4-11（b）所示。

b. 机件中的倾斜部分必须旋转到与选定的投影面平行以反映实形，其投影并不全部满足投影规律，如图 4-11（b）左视图中前下圆孔的投影。

【例 4-3】 求作图 4-12（b）所示机件的剖视图，注意剖切平面的确定。

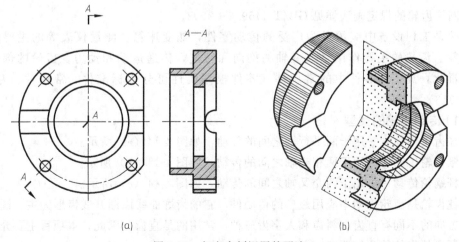

图 4-12 相交全剖视图的画法

分析：机件的内部结构由侧垂阶梯通孔以及均布在四周的小圆孔组成，可采用一个正平面和一个侧垂面剖开机件，其交线垂直于侧立投影面，如图 4-12（a）所示。

4.2 盘盖类零件图的绘制

盘盖类零件图的表达内容和具体要求与轴套类零件图基本相同。通过对盘盖类零件图各项内容的表达，将进一步加深、强化对零件图的理解，进一步提高综合绘图能力。

现以图 4-2 所示的圆柱齿轮为例，具体说明盘盖类零件图的绘制方法和步骤。

4.2.1 结构分析与视图表达

（1）零件结构分析

图 4-13　圆柱齿轮轴测图

如图 4-13 所示的标准直齿圆柱齿轮轴测图，主要结构是扁平状回转体，外圆柱表面上均布形状规则的轮齿并表面淬火，工艺结构有倒角、键槽、轮辐，主要作用是与转轴配合传递运动和转矩，主要加工方法是车削、滚削、磨削，属盘盖类典型零件中的盘类零件。

（2）视图表达方案

① 选择主视图　为直观、清晰地反映圆柱齿轮的内外形轮廓以及有关工艺结构，主视图采用单一全剖视图表达，如图 4-2 所示。

② 选择其它视图　通过主视图以及有关径向尺寸已清楚地反映了圆柱齿轮的外形轮廓，因此为简洁、直观地表达圆柱齿轮的侧面结构以及配合关系，仅需配置一个局部视图即可，并便于标注尺寸和技术要求，如图 4-2 所示。

为更好地绘制图 4-2 所示的圆柱齿轮零件图，现详细介绍标准直齿圆柱齿轮和标准键槽的基本参数、规定画法以及有关标准和尺寸的查找、计算和标注。

4.2.2 直齿圆柱齿轮的规定画法

直齿圆柱齿轮的规定画法详见 GB/T 4459.2—2003。

齿轮是工程设备中应用最为广泛的传动零件，如变速箱、测量仪表等的主要传动件就是齿轮。齿轮的主要作用是改变轴的旋向和转速，传递运动和动力。齿轮的部分参数已经标准化，属工程零件中的常用件（零件根据属性可分为标准件、常用件、专用件，详见 7.3.3）。

（1）传动齿轮的类型

圆柱齿轮传动——用于两平行轴之间的传动，如图 4-14（a）所示。

圆锥齿轮传动——用于两相交轴之间的传动，如图 4-14（b）所示。

蜗杆蜗轮传动——用于两交叉轴之间的传动，如图 4-14（c）所示。

圆柱齿轮是齿轮传动中应用最广的传动件，它的齿廓曲线以渐开线齿形为主。圆柱齿轮按轮齿方向的不同有直齿、斜齿和人字齿三种，常用的是直齿。因此，本项目主要介绍直齿圆柱渐开线外齿轮的几何要素和画法。

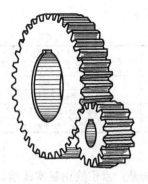 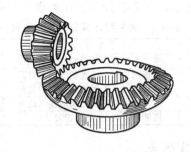 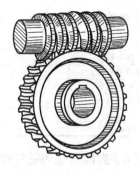

(a) 圆柱齿轮　　　　　　(b) 圆锥齿轮　　　　　　(c) 蜗杆蜗轮

图 4-14　齿轮传动形式

（2）圆柱齿轮的基本参数

① 齿数 z　齿轮上牙齿的个数。

② 齿形角 α　分度圆上受力方向与运动方向之间的夹角。标准齿形角 $α=20°$。

③ 模数 m　齿距 p 与圆周率 π 之比，$m=p/π$。齿距 p 是分度圆上相邻两齿对应齿廓之间的弧长。

模数主要反映轮齿的大小。模数大，轮齿就大，承载能力就强。模数已经标准化，单位为 mm，如表 4-1 所示。

表 4-1　渐开线圆柱齿轮的标准模数（GB/T 1357—1987）　　　　　　mm

第一系列	1	1.25	1.5	2	2.5	3	4	5	6	8	10	12	16	20	25	32	40	50
第二系列	1.75	2.25	2.75	(3.25)	3.5	4.5	5.5	(6.5)	7	9	(11)	14	18	22	28	36	45	

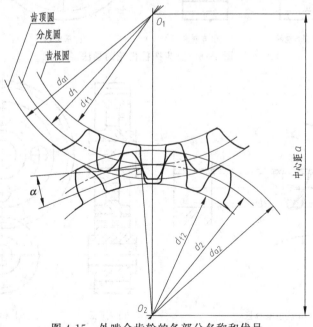

图 4-15　外啮合齿轮的各部分名称和代号

（3）圆柱齿轮各部分名称和计算

模数、齿数、齿形角统称为齿轮的基本参数。如果已知齿轮的这些基本参数，就可计算标准直齿圆柱外齿轮的各部分尺寸用于绘制齿轮工作图以满足加工、测量的需要。齿轮各部分的名称和代号如图 4-15 所示，含义和计算公式如表 4-2 所示。

表 4-2　含义和计算公式（外齿轮）

名　称	代　号	含　义	计算公式
齿顶圆直径	d_a	通过牙齿齿顶假想圆柱面的直径	$d_a = m(z+2)$
分度圆直径	d	牙齿的齿厚与槽宽相等的假想圆	$d = mz$
齿根圆直径	d_f	通过牙齿齿根假想圆柱面的直径	$d_f = m(z-2.5)$
中心距	a	两啮合齿轮轴线之间的直线距离	$a = m(z_1+z_2)/2$
传动比	i	两啮合齿轮主、从转速之比	$i = n_1/n_2 = z_2/z_1$

（4）直齿圆柱齿轮的规定画法

① 单个齿轮的画法　非圆视图采用基本视图表达的具体方法是：齿顶线用粗实线绘制，分度线用细点画线绘制，齿根线可省略不画，其它部分按各自的投影绘制，如图 4-16（a）所示。

单个齿轮的非圆视图一般采用剖视图表示，其齿根线用粗实线绘制，不能省略。当剖切平面通过齿轮的中心轴线时，轮齿按不剖绘制，如图 4-16（b）所示。

投影为圆的视图一般采用基本视图表达，具体方法是：齿顶圆用粗实线绘制，分度圆用细点画线绘制，齿根圆可省略不画，其它部分按各自的投影绘制，如图 4-16（c）所示。

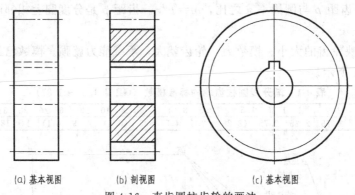

（a）基本视图　　　　（b）剖视图　　　　（c）基本视图
图 4-16　直齿圆柱齿轮的画法

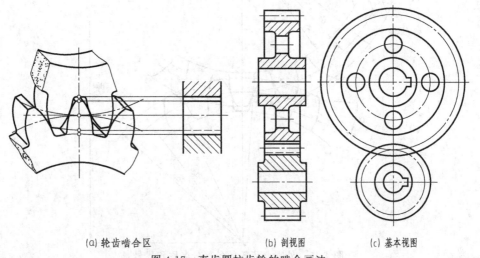

（a）轮齿啮合区　　　　（b）剖视图　　　　（c）基本视图
图 4-17　直齿圆柱齿轮的啮合画法

为简化作图，投影为圆的视图也可采用局部视图表达，如图 4-2 所示。

单个齿轮的尺寸标注项是：齿顶圆直径 d_a、分度圆直径 d、齿宽 B、倒角 C。

② 啮合齿轮的画法　非圆视图采用剖视图表达，具体方法是：啮合区内的两根齿顶线

分别用粗实线和虚线绘制（齿顶被遮挡），分度线（节线）重合并用细点画线绘制，两根齿根线用粗实线绘制（可按 $0.25m$ 确定齿顶线和齿根线的径向距离，m 为模数），如图 4-17 (a)、(b) 所示。

投影为圆的视图采用基本视图表达，具体方法是：啮合区内的齿顶圆用粗实线绘制，分度圆（节圆）相切并用细点画线绘制，齿根线省略不画，如图 4-17 (c) 所示。

啮合齿轮的尺寸标注项是：齿顶圆直径 d_{a1} 和 d_{a2}、齿宽 B、中心距 a。

4.2.3 普通平键的连接画法

普通平键的连接画法详见 GB/T 1096—2003。

（1）键的作用与类型

键主要用于轴和轴上零件（如齿轮）的周向连接，其目的是传递转矩、实现轴和轴上零件的同步运动。普通平键连接时的加工和装配方法如图 4-18 所示。

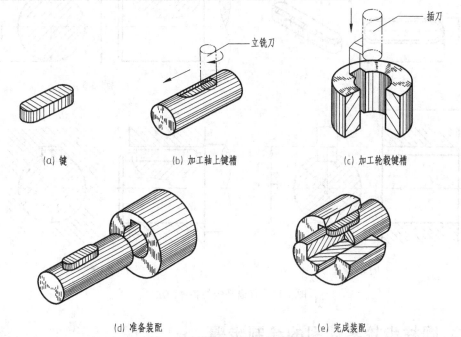

图 4-18　键槽的加工与键的装配

根据形状的不同，键可分为普通平键（常用）、半圆键、花键等。键的工作原理是：将键嵌入轴上键槽，再将带有轮毂键槽的齿轮对应插入。当轴转动时，因为键的连接作用，齿轮就与轴同步转动，达到传递运动和动力的目的，此时键的两个侧面为工作表面。

普通平键根据其头部形状的不同可分为圆头（A 型）、平头（B 型）和单圆头（C 型）三种，其中最常用的是 A 型，如图 4-19 (a) 所示。普通平键的标记是

| 键 | 标准代号 | 型式代号 | 宽度 | × | 长度 |

其中 A 型可省略型式代号。

例如，宽度 $b=18$mm、高度 $h=11$mm、长度 $L=100$mm 的圆头普通平键（A 型），其标记是：键 GB / T 1096—2003 18×100。

（2）键槽的画法与尺寸标注

采用普通平键连接时，键的宽度 b、高度 h、长度 L 以及键槽深度 t、t_1 可根据轴的直

径 d 从附表 4 中查取。键的长度 L 应小于或等于轮毂的长度以保证键连接后的接触性能。键是标准件,一般不画零件图。

轴和轮毂键槽的画法以及相关尺寸标注如图 4-19(b)、(c)所示。

（3）普通平键的连接画法

主视图中键被剖切面纵向剖切,按不剖处理。左视图(局部剖视)中键被横向剖切,必须画出剖面线。键的两个侧面(工作表面)与键槽的两个侧面互相配合、键的底面与轴上键槽的底部互相接触,因此均画一条线。为便于装配,键的顶面不能与轮毂键槽的顶部互相接触,因此需画两条线。普通平键的连接画法如图 4-19(d)所示。

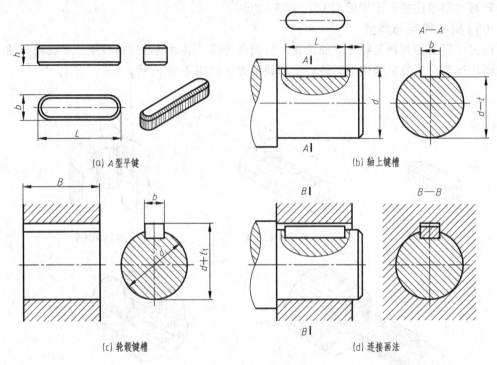

(a) A 型平键　　　　　　　　　　(b) 轴上键槽

(c) 轮毂键槽　　　　　　　　　　(d) 连接画法

图 4-19　普通平键的各种画法

4.2.4 圆柱齿轮零件图的绘制步骤

（1）选比例、定图幅

一般采用 1∶1 常值比例,便于绘图和读图,并根据圆柱齿轮外形轮廓及表达方案取图幅。

（2）确定基准、绘制底稿

如图 4-20 所示,以圆柱齿轮的对称中心线为径向设计基准,右端面(或左端面)为轴向设计基准,并根据有关尺寸以及表达方案合理布置视图。绘制底稿时,应特别注意轮毂键槽的规定画法以及投影规律的具体运用。键槽宽度和键槽顶部的位置可根据附表 4 确定。

（3）检查描深、标注尺寸

如图 4-21 所示,根据国家技术标准的有关规定检查、描深图线并绘制剖面线,力求规范、美观、整洁。

根据选定的尺寸基准一次标注完成所有的定形、定位、总体尺寸。标注时应注意尺寸四大要素的具体表达、相邻尺寸的具体位置、各种类型尺寸在标注时的具体规定。

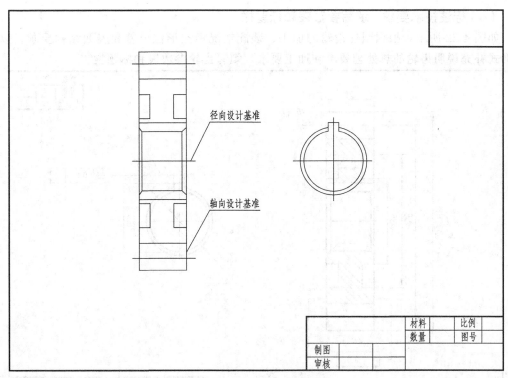

图 4-20　确定基准、绘制底稿

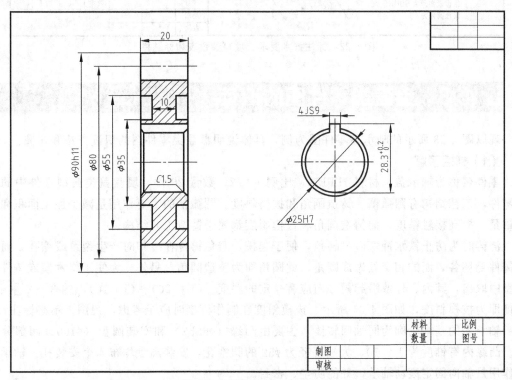

图 4-21　描深图线、标注尺寸

　　如果尺寸有极限与配合方面的技术要求可查阅附表 7 和附表 8 在尺寸标注时一起完成，如齿轮内孔的配合尺寸 $\phi 25H7$、轮毂键槽的宽度尺寸 4JS9、定位尺寸 $28.3^{+0.2}_{0}$。

（4）标注技术要求、填写参数表和标题栏

如图 4-22 所示，根据圆柱齿轮的加工、装配情况标注形位公差和表面结构要求，以文字形式补充说明齿轮的热处理要求和加工要求，填写齿轮参数表和标题栏。

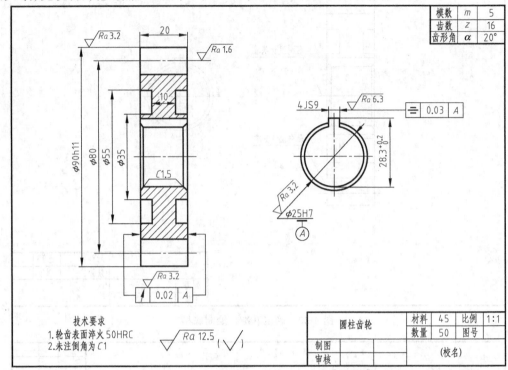

模数	m	5
齿数	z	16
齿形角	α	20°

技术要求
1. 轮齿表面淬火 50HRC
2. 未注倒角为 $C1$

圆柱齿轮		材料	45	比例	1:1
		数量	50	图号	
制图					
审核				(校名)	

图 4-22　标注技术要求、填写参数表和标题栏

4.3　盘盖类零件图的识读

现以图 4-23 所示的轴承盖零件图为例，具体说明盘盖类零件图的识读方法和步骤。

（1）概括了解

零件名称为轴承盖，材料 HT150，比例 1：2，数量 20 件，属盘盖类典型零件中的盖类零件，工艺结构有圆弧槽、铸造圆角和拔模斜度。圆弧槽的主要作用是减少加工面积和整体重量，提高接触精度，而铸造圆角和拔模斜度都属于铸造工艺结构。

浇铸时为防止铁水冲坏砂型转角，便于起模，避免铸件在冷却时产生裂纹或缩孔，通常把铸件毛坯各表面的相交处做成圆角，此圆角即为铸造圆角。另外，为便于将木模或铸件从砂型中取出，其内、外壁沿起模方向应有一定的斜度［(1：20)～(1：10)，约3°～6°］，此斜度即为拔模斜度，如图 4-24 所示。拔模斜度在制作模型时应予考虑，视图上不必标注。

轴承盖的基本轮廓为同轴回转体，主要由凸缘（ϕ62h8）和安装圆盘（ϕ100）两部分组成。凸缘内有锥度为 1：10、大端直径为 ϕ52 的圆锥孔，安装圆盘均布 4 个安装孔。轴承盖的作用是轴向固定滚动轴承，并能防尘、密封。

（2）形体分析

轴承盖由两个同轴圆柱体叠加而成，其中凸缘内的圆锥孔和安装圆盘的底槽通过铸造完成，4 个均布的安装孔则由钻削完成。轴承盖的工作部分为凸缘的圆柱面和左端面，安装部分为右侧的圆盘。轴承盖的结构特点和形体分析如图 4-25 所示。

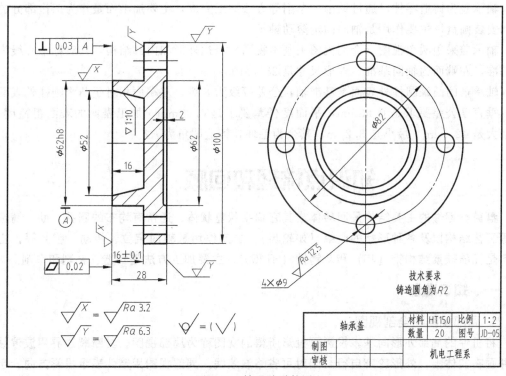

图 4-23　轴承盖零件图

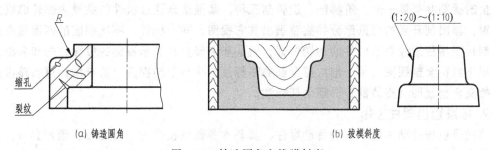

(a) 铸造圆角　　　　(b) 拔模斜度

图 4-24　铸造圆角和拔膜斜度

（3）视图分析

轴承盖的主视图采用单一全剖视图以表达其内部结构；左视图采用基本视图，主要表达轴承盖的侧面外形以及安装孔的数量、形状和具体位置。

（4）尺寸分析

轴承盖的径向基准为对称中心线，轴向基准为工作部分的左端面。主要定形尺寸有 $\phi62h8$ 和 $\phi100$，定位尺寸有 16 ± 0.1 和 $\phi82$，总体尺寸为 $\phi100$ 和 28。

（5）技术要求

轴承盖的主要结构是左侧的凸缘，主要加工面是圆柱外表面和左端面，其中的圆柱外表面为基准轴（$\phi62h8$），左端面为接触表面，两者的表面结构要求最高（$Ra=3.2\mu m$）并有形位公差要求（平面度和垂直度），均可采用车削加工并能满足加工要求。

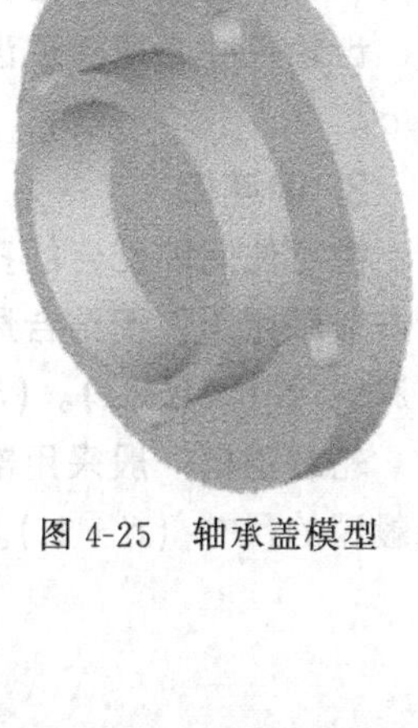

图 4-25　轴承盖模型

（6）综合归纳

轴承盖为铸造零件，通过钻削、车削等方法加工完成，主要加工面是作为工作部分的凸缘和安装圆盘，主要作用是轴向固定滚动轴承。

轴承盖采用两个视图（全剖视图＋基本视图）表达外形和内部结构，其对称中心线为径向基准，左端面为轴向基准，外形尺寸是 $28 \times \phi100$。

轴承盖的凸缘圆柱外表面是基准轴，公差等级为 8 级。左端面相对于凸缘圆柱外表面轴线的垂直度公差要求是 0.03mm，平面度公差要求是 0.02mm。加工表面的表面粗糙度 Ra 值最大是 $12.5\mu m$，最小是 $3.2\mu m$，其余为毛坯，铸造圆角为 $R2$。

知识点梳理和回顾

盘盖类零件的主要结构是回转体或其它扁平状盘状体，通常有均布的圆孔、肋、铸造圆角等工艺结构以及各种形状的凸缘（如轮齿），主要作用是轴向定位、传动、密封等，主要材料是优质碳素结构钢（45）和灰铸铁（HT150），主要加工方法是铸造、钻削和车削。

一、知识准备

1. 局部视图和全剖视图

将机件的局部外形向基本投影面投影所得的视图称为局部视图，其断裂边界用波浪线表示并画在实体上，外形轮廓自行封闭时可省略波浪线。局部视图用箭头表示投影方向，字母表示视图名称。当局部视图按投影配置、中间又无其它图形隔开时可省略标注。

全剖视图共有单一剖、阶梯剖、旋转剖三种，其画法是通过机件的完整内部轮廓确定剖切位置，画出剖开后的可见部分并完整画出其它视图，同一机件、不同视图的剖面线必须一致。剖视图用粗短线表示机件的剖切位置，箭头和字母分别表示视图的投影方向和名称。一般情况下对称全剖视图（单一剖）可全部省略标注，平行全剖视图（阶梯剖）可省略投影箭头，相交全剖视图（旋转剖）必须全部标注。

2. 标准直齿圆柱齿轮

齿轮是机械传动中最常用的传动零件，其基本参数是模数 m、齿数 z、齿形角 α，其中的模数和齿形角已经标准化，标准齿形角为 20°。单个齿轮的主视图一般采用剖视绘制，轮齿按不剖处理，齿顶线和齿根线画粗实线，分度线画点画线，其余部分按各自的投影绘制。投影为圆的视图齿顶圆画粗实线，分度圆画点画线，齿根圆省略不画。

啮合齿轮的啮合区有 2 根齿顶线（1 根粗实线，1 根虚线）、1 根分度（节）线（点画线）和 2 根齿根线（粗实线，按 $0.25m$ 绘制）共 5 根线，其余部分按各自的投影绘制。

齿轮尺寸必须标注齿顶圆直径 d_a、分度圆直径 d、齿宽 B、倒角 C，啮合时标注中心距 a。

3. 键连接

键可使间隙配合的孔、轴周向固定，实现同步运动，常用的是 A 型普通平键。轴上键槽一般采用断面图结合局部剖视图绘制，尺寸标注为轴径 d、键槽长度 L、宽度 b 以及反映槽深的尺寸 $(d-t)$。$(d-t)$ 的极限偏差值可查附表 4 确定并取负号。

轮毂键槽一般采用剖视图绘制，尺寸标注为孔径 D、零件宽度 B、键槽宽度 b 以及反映毂深的尺寸 $(d+t_1)$。$(d+t_1)$ 的极限偏差值可查附表 4 确定并取正号。

键和键槽的连接画法一般采用剖视绘制。纵向剖切键时按不剖处理，横向剖切必须绘制剖面线。键与键槽的接触部分只画一根线，非接触部分的键顶与槽顶必须绘制两根线。

二、盘盖类零件图的绘制

盘盖类零件的主视图可依据形状特征原则和位置特征原则确定，一般采用全剖视图表达其内部结构，其它视图可采用基本视图、局部视图等表达零件的外形。

回转类零件的径向设计基准为中心轴线，轴向设计基准可采用端面或底面，一般不设工艺基准。扁平状零件需确定三个方向的设计基准，可根据需要设置工艺基准。对于回转类零件的轮毂键槽，应特别注意其宽度 b、$d + t_1$ 以及对应的极限偏差、公差带代号的确定。

盘盖类零件的材料常选用优质碳素结构钢（35、45）或铸铁（HT150），一般需调质或时效处理，工艺结构有倒角、圆角或铸造圆角、拔模斜度。

具体的绘图步骤是零件结构分析、视图表达方案、选比例定图幅、布图绘制底稿、检查描深图线、标注尺寸和技术要求、填写标题栏。

三、盘盖类零件图的识读

通过标题栏概括了解零件信息，确定主视图后综合分析其它视图，分析零件的各向基准以及定形、定位、总体尺寸，根据形体分析法想象零件的形状和大小，根据技术要求确定零件的主要结构和主要加工面。综合以上分析，归纳零件信息，全面了解零件。

项目 5
叉架类零件图的识读与绘制

叉架类零件通常由工作部分、连接部分、安装部分组成，每一部分的用途各有不同。叉架类零件的主要作用是连接运动件或支承回转件，主要工艺结构是铸造圆角、凸台、凹坑以及肋板等，主要加工方法是铸造和钻削。

本项目将继续以行动为导向展开教学，在学习中行动、在行动中学习，通过对四大典型零件中叉架类零件的视图表达方法（局部剖视图和简化画法）、尺寸标注和技术要求、叉架类零件图的识读与绘制等教学，进一步提升对工程图样的识读与绘制能力。

5.1 叉架类零件的视图表达

5.1.1 视图表达方案

（1）零件结构分析

叉架类零件的结构形状一般比较复杂，但可根据用途的不同将其形体分为三个部分：工作部分、连接部分、安装部分。叉架类零件通常有铸造圆角、倒角、凸台、沉孔、肋板等工艺结构，主要作用是连接运动件（如杠杆）、固定轴类零件（如拨叉）或支承回转件（如整体式滑动轴承），主要材料是灰铸铁（如 HT150），主要加工方法是铸造和钻削。

图 5-1 所示的杠杆和支架分别属于叉架类零件中的叉类零件和架类零件。

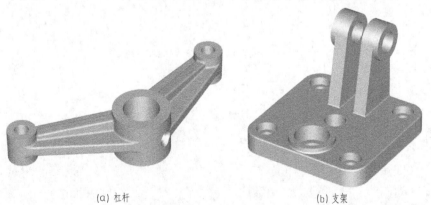

(a) 杠杆   (b) 支架

图 5-1   叉架类零件

（2）视图表达方案

① 选择主视图　叉架类零件的结构形状复杂，加工位置多变，因此其主视图一般按形状特征和工作位置确定。为了表达此类零件的外部形状和内部结构，主视图通常采用基本视

图结合局部剖视图以表达其主要外形和内部结构。

　　② 选择其它视图　叉架类零件通常需要其它视图以表达不同方向的外形或内部结构，如图 5-2 所示的拨叉就采用了左视图表达其侧面外形，采用局部剖视图表达工作孔的内部结构，另外还采用了斜视图、断面图等方法表达拨叉的倾斜外形和内部结构，同时便于标注尺寸和技术要求。

　　叉架类零件中拨叉的具体表达方案如图 5-2 所示。

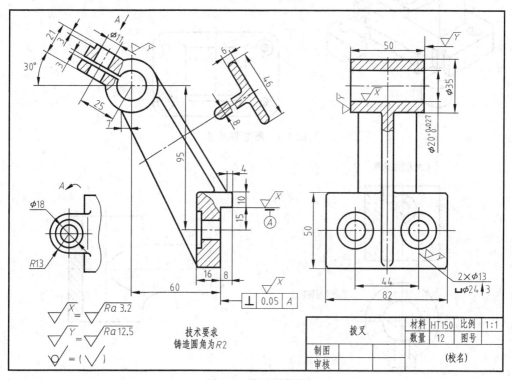

图 5-2　拨叉零件图

　　作为知识准备，本项目将主要阐述局部剖视图和简化画法的具体用途、绘制方法以及有关注意事项。

5.1.2　局部剖视图的绘制

　　局部剖视图的绘制详见 GB/T 17452—1998、GB/T 4458.6—2003。

　　将机件的内部结构局部剖开后向基本投影面投影所得的剖视图称为局部剖视图，简称局剖。局部剖视图用波浪线作为剖视图与基本视图的分界线，可在同一视图上同时表达机件的主要外部形状和内部结构，一般省略标注，如图 5-3 所示。

　　局部剖视图用波浪线表示其断裂边界。必须注意的是，波浪线必须如图 5-4（a）所示画在实体上。另外，当剖切位置的局部结构为回转体时，其中心线可作为局部剖视图与基本视图的分界线，如图 5-4（b）所示。波浪线不能画在图线的延长线上，也不能与视图中的任何图线重合或用其它图线代替，如图 5-4（c）、（d）所示。

5.1.3　其它表达方法

　　其它表达方法详见 GB/T 16675.1—1996。

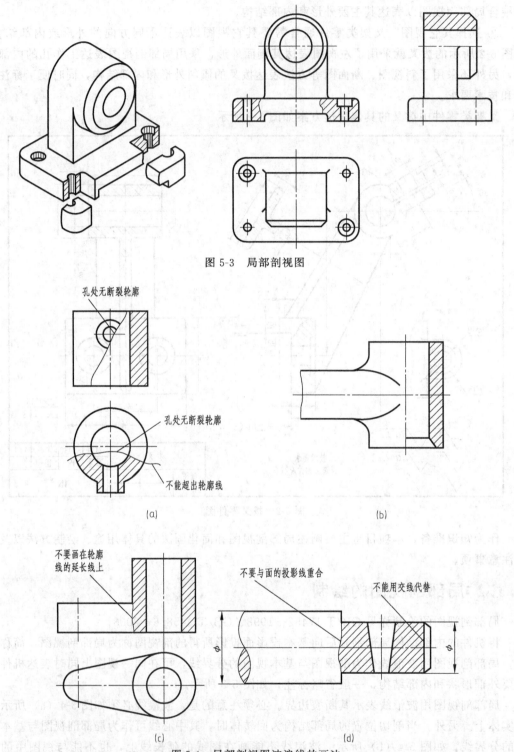

图 5-3 局部剖视图

孔处无断裂轮廓

孔处无断裂轮廓

不能超出轮廓线

(a)

(b)

不要画在轮廓
线的延长线上

不要与面的投影线重合

不能用交线代替

(c)

(d)

图 5-4 局部剖视图波浪线的画法

① 机件上的肋板、轮辐、薄壁等结构，如纵向剖切按不剖处理，不画剖面符号，并用粗实线将其与相邻结构分开。横向剖切则按投影绘制剖面符号，如图 5-5 所示。

② 对于轴类、杆类、型材等较长的机件，如果沿长度方向的形状一致或按一定规律变

化时可断开、缩短绘制，但必须按原来实长标注尺寸，如图 5-6 所示。

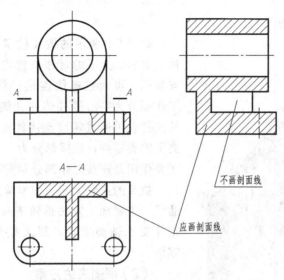

图 5-5 肋板的剖视画法

③ 同一机件具有若干重复结构要素（如齿、槽、孔等）并按一定规律分布时，只需画出几个完整结构，其余用细实线连接并注明总数，如图 5-7 所示。

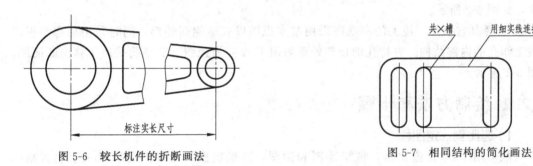

图 5-6 较长机件的折断画法

图 5-7 相同结构的简化画法

④ 机件上的滚花、平面、局部视图、截交线等的简化画法如图 5-8 所示。其中局部视图可省略标注，键槽与圆柱表面产生的截交线与轮廓线等高。

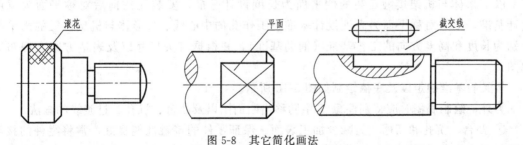

图 5-8 其它简化画法

5.2 叉架类零件图的绘制

现以图 5-2 所示的拨叉为例，具体说明叉架类零件图的绘制方法和步骤。

5.2.1 结构分析与视图表达

（1）零件结构分析

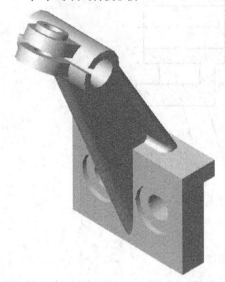

图 5-9　拨叉模型

如图 5-9 所示的拨叉模型，其安装部分为 L 形体，前后、上下的对称位置均布两个带沉孔结构的安装孔，可通过螺纹连接件将拨叉固定在机架上；工作部分为空心圆柱体并开侧槽，左上方倾斜凸台的夹持孔可通过螺纹连接件使其产生微小变形从而夹紧轴类零件；连接部分为 T 字肋（铸造圆角 R2），主要作用是连接工作部分和安装部分。

拨叉的主要工艺结构是铸造圆角、凸台、沉孔、肋板，主要加工方法是铸造和钻削，主要作用是固定并支承轴类零件，属叉架类典型零件中的叉类零件。

（2）视图表达方案

① 选择主视图　拨叉的主视图采用基本视图以表达其主要的外部形状特征和工作位置，同时采用局部剖视以反映夹持孔和安装孔的内部结构和工作方式，如图 5-2 所示。

② 选择其它视图　拨叉的左视图采用基本视图以表达侧面外形，同时采用局部剖视以反映工作孔的内部结构。夹持孔的顶部外形采用了 A 向斜视图、T 字肋采用了移出断面图，如图 5-2 所示。

5.2.2 绘制方法和步骤

（1）选比例、定图幅

一般采用 1∶1 常值比例，便于绘图和读图，并根据拨叉的外形轮廓以及表达方案取图幅。

（2）确定基准、绘制底稿

以 L 形体与机架接触安装的侧平面为长度设计基准，安装孔的前后对称平面为宽度设计基准，上下对称平面为高度设计基准，工作孔的中心线、L 形体与机架接触的水平面分别为长度和高度方向的工艺基准（辅助基准），并根据有关尺寸以及表达方案合理布置视图。

拨叉的基准确定以及底稿绘制如图 5-10 所示。

另外，绘制底稿时应特别注意 T 字肋移出断面图以及凸台、沉孔、过渡线的画法。

① 凸台、沉孔和凹槽　为减少加工表面、保证零件的接触性能良好，常将零件的接触表面加工成凸台、沉孔以及凹槽等工艺结构，如图 5-11 所示。

② 过渡线的画法　由于铸造圆角的存在，铸件表面上的交线就不太明显，这种交线称为过渡线。可见过渡线用细实线表示。过渡线的画法与普通交线的画法基本相同：当过渡线的投影与面的投影重合时，过渡线按面的投影绘制；过渡线的投影与面的投影不重合时，过渡线按其理论交线绘制，但线的两端要与其它轮廓线断开，如图 5-12 所示。

（3）检查描深、标注尺寸

根据国家技术标准的有关规定检查、描深图线并绘制剖面线，力求规范、美观、整洁。

根据选定的尺寸基准一次标注完成所有的定形、定位、总体尺寸。

由于拨叉的尺寸比较复杂、繁多，因此应特别注意标注时的合理性。如 T 字肋以及夹持孔部分的定形尺寸就应标注在形状特征明显的视图上，定位尺寸的标注也应充分利用选定的尺寸基准，如工作孔的中心位置在长度方向上的定位尺寸 60、高度方向的定位尺寸 95 就应分别从长度设计基准（L 形体与机架接触的侧平面）和高度设计基准（安装孔的中心线）中引出。另外，由于倾斜凸台在长度、高度方向上的视图表达均有已知弧（$R13$、$\phi18$），因此拨叉的总长、总高尺寸均为参考尺寸，其值（105）、（147）可省略标注。

拨叉图线的检查描深以及尺寸标注如图 5-13 所示。

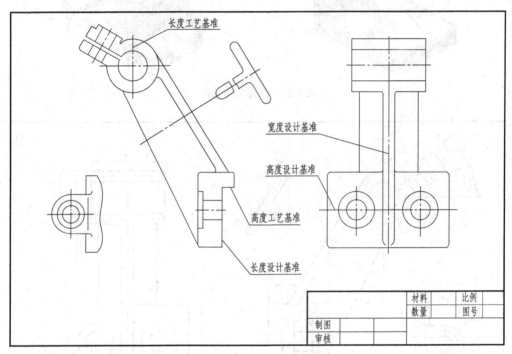

图 5-10　确定基准、绘制底稿

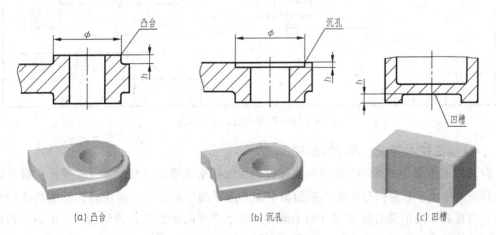

图 5-11　凸台、沉孔和凹槽

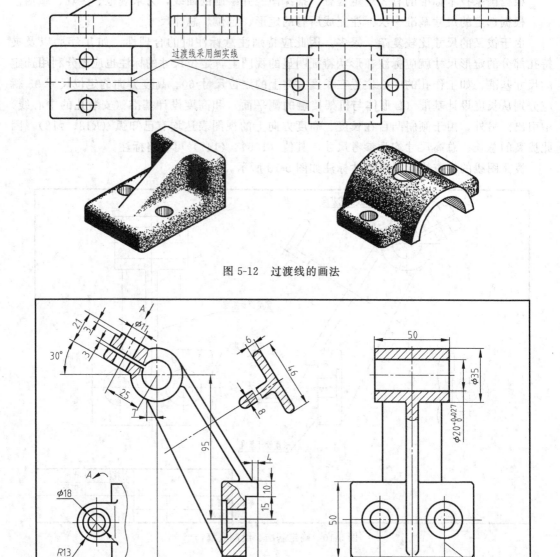

图 5-12　过渡线的画法

图 5-13　描深图线、标注尺寸

（4）标注技术要求、填写标题栏

拨叉的工作部分将固定并支承轴类零件，因此其主体部分（$\phi 20^{+0.027}_{0}$基准孔）有具体的极限与配合要求。L形体与机架接触的侧平面和水平面分别是尺寸标注时的长度基准和高度基准，因此有一定的垂直度要求（侧平面相对于水平面的垂直度公差值为 0.05mm）和较高的表面结构要求（$Ra=3.2\mu m$）。同样，因为工作孔（$\phi 20^{+0.027}_{0}$）是配合时的基准孔，其 Ra

值也取 $3.2\mu m$。其它加工表面（$2\times\phi13$ 安装孔、$\phi11$ 夹持孔）的 Ra 值可取 $12.5\mu m$，非加工表面（铸造表面）为毛坯，最后文字说明其它技术要求。

根据国家技术标准标注完成各项技术要求后应仔细检查、勘误，最后填写标题栏。

拨叉技术要求的标注以及标题栏的填写如图 5-14 所示。

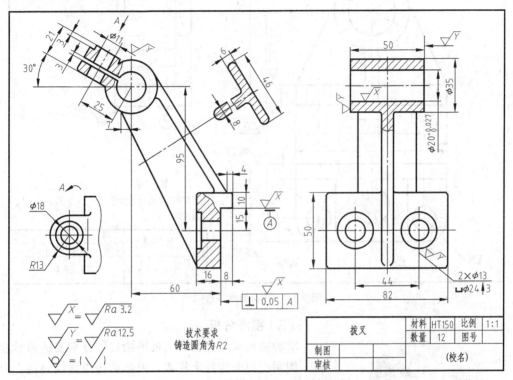

图 5-14 标注技术要求、填写标题栏

5.3 叉架类零件图的识读

现以图 5-15 所示的滑动轴承零件图为例，具体说明叉架类零件图的识读方法和步骤。

（1）概括了解

零件名称为滑动轴承，整体式结构，材料 HT250，比例 1：1，数量 30 件，工艺结构有倒角、圆角和肋板，主要加工方法是铸造和钻削，主要作用是通过间隙配合支承作回转运动的轴，属叉架类典型零件中的架类零件。

滑动轴承主要由三部分组成，分别是空心圆柱（工作部分）、底板（安装部分）、立板（连接部分），其它结构有注油孔和肋板。

（2）形体分析

底板的基本体是四棱柱，前方左、右两侧切出圆角，对称位置上有两个安装孔。立板顶部的圆弧面与空心圆柱的外径尺寸一致。底板、立板、空心圆柱互相叠加且后面平齐、前面相错，均处于同一对称平面内。立板左、右两侧分别与底板相交、与空心圆柱外表面相切。

空心圆柱上方的凸台内有一注油孔，注入油液可起到润滑、降噪、抗氧化的作用。肋板位于空心圆柱的前下方与底板之间，主要作用是提高轴承孔的工作刚度和回转精度。

整体式滑动轴承的结构特点和形体分析如图 5-16 所示。

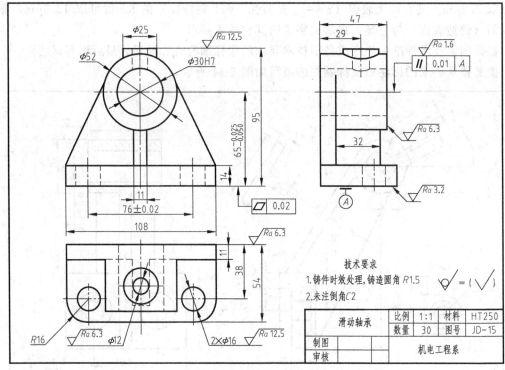

图 5-15　滑动轴承零件图

图 5-16　滑动轴承模型

（3）视图分析

滑动轴承采用典型的三视图画法，分别表达轴承座正面、侧面、顶面的外形轮廓，内部结构用虚线表达。由于注油凸台与空心圆柱正交连接，因此产生虚、实两根相贯线。立板的左、右两侧与空心圆柱外表面相切，接触表面无交线。

（4）尺寸分析

滑动轴承的长度基准为左右对称平面，宽度基准为背面，高度基准为底面。主要定形尺寸有 $\phi30H7$ 和 $\phi16$，定位尺寸有 $65^{-0.025}_{-0.050}$ 和 76 ± 0.02，总体尺寸为 108、54、95。

（5）技术要求

滑动轴承的主要结构由空心圆柱、底板、立板组成，主要加工面是空心圆柱内的 $\phi30H7$ 轴承孔（$Ra=1.6\mu m$）、底面（$Ra=3.2\mu m$）和背面（$Ra=6.3\mu m$）。形位公差是底面的平面度要求和基准孔的中心轴线相对于底面的平行度要求，采用铸造结合钻削、铰削、铣削等方式加工完成。铸件需时效处理，铸造圆角为 $R1.5$，加工时的未注倒角为 $C2$。

（6）综合归纳

整体式滑动轴承为铸造零件，通过钻削、铰孔等加工手段完成，主要加工面是轴承孔以及底面、背面，主要作用是支承作回转运动的轴。铰孔操作的主要目的是达到轴承孔的加工精度要求（IT7）以及表面结构要求（$Ra=1.6\mu m$）。

滑动轴承采用三个基本视图表达各向外形和内部结构，左右对称平面为长度基准，背面为宽度基准，底面（安装面）为高度基准，外形尺寸 108×54×95。

滑动轴承空心圆柱内的轴承孔是基准孔，公差等级 7 级，其中心轴线相对于底面的平行度公差要求是 0.01mm，底面的平面度公差要求是 0.02mm。加工表面的表面粗糙度 Ra 值最大是 12.5μm，最小是 1.6μm，其余为毛坯。

思考：图 5-15 所示的滑动轴承零件图中的视图采用什么表达方法最合理？若左视图采用单一全剖视图，肋板是否要画剖面线？俯视图中的虚线是否还要保留？

知识点梳理和回顾

叉架类零件中的叉通常为操纵件，架为支撑件，其形体一般可分为工作部分、连接部分和安装部分，主要工艺结构是铸造圆角、凸台、沉孔、肋板，主要作用是操纵运动件或支承回转件，主要材料是灰铸铁（如 HT150），主要加工方法是铸造和钻削。

一、知识准备

1. 其它工艺结构

凸台、沉孔和凹槽可减少加工表面、提高加工精度、保证零件之间的接触性能良好。铸造圆角可避免铸件在冷却时产生裂纹或缩孔，拔模斜度便于将木模或铸件从砂型中取出。

铸件表面上不太明显的交线称为过渡线，其产生原因是因为铸造圆角的存在。可见过渡线用细实线表示，其画法与普通交线的画法基本相同。必须注意的是，当过渡线的投影与面的投影不重合时，过渡线按其理论交线绘制，但线的两端要与其它轮廓线断开。

2. 局部剖视图

将机件的内部结构局部剖开后向基本投影面投影所得的剖视图称为局部剖视图，简称局剖。局部剖视图用波浪线作为剖视图与基本视图的分界线，波浪线必须画在实体上。

局部剖视图是一种非常机动、实用的视图表达方法，可在同一视图上同时表达机件的主要外部形状和内部结构，其与局部视图的本质区别就是前者表达局部内形，而后者表达局部外形。局部剖视图一般省略标注。

3. 其它表达方法

肋板纵向剖切按不剖处理，横向剖切按投影绘制剖面符号。对于轴类、型材等较长机件可采用断开画法，但必须标注实长。同一机件具有若干重复结构时可采用省略画法，只需画出一到几个完整结构并在其上注明总数即可。

二、叉架类零件图的绘制

叉架类零件的主视图可依据形状特征原则和工作位置原则确定，一般采用剖视图、断面图表达零件的内部结构，其它视图可采用基本视图、局部视图等表达外形。

叉架类零件需确定三个方向的设计基准，并根据加工和测量要求设置工艺基准。设计基准通常是零件的对称平面、重要安装面、工作孔的轴线等。尺寸标注时应注意加工、测量时的合理性以及对基准的有效利用。

叉架类零件的工作部分有相应的极限与配合、位置公差、表面粗糙度等技术要求，材料以灰铸铁居多，因此常采用时效处理以消除内应力，机械工艺结构有凸台、沉孔和凹槽，铸造工艺结构有铸造圆角、拔模斜度。

具体的绘图步骤是零件结构分析、视图表达方案、选比例定图幅、布图绘制底稿、检查描深图线、标注尺寸和技术要求、填写标题栏。

三、叉架类零件图的识读

通过标题栏概括了解零件的名称、材料、比例等基本信息，分析每个视图的表达重点和表达方法，分清视图之间以及每个基本形体的投影关系，想象、构思零件的空间轮廓。

确定零件的各向基准以及定形、定位尺寸，并根据总体尺寸判断零件的空间大小。根据标注或文字说明的技术要求确定零件的主要结构和主要配合面、基准面以确定加工重点，分析加工方法，保证加工质量，提高加工效率。

在上述分析的基础上，综合零件的各项基本信息，将零件的结构形状、尺寸标注以及技术要求等予以归纳，从而对零件有一个比较全面的了解和熟悉。

项目6
箱体类零件图的识读与绘制

工程中的机器或部件都需采用箱体类零件，如机床的床身、减速器的箱体等。箱体类零件是四大典型零件中形体最为复杂的一种，其外形多变，内部结构复杂。箱体类零件的主要作用是支持或包容其它零件，主要加工方法是铸造和钻削。

本项目将主要阐述四大典型零件中箱体类零件的视图表达方法（半剖视图）、尺寸标注和技术要求、零件的测绘、箱体类零件图的识读与绘制。通过本项目的学习，将融会贯通所学知识，有力提升行动能力，具有承上启下、巩固提高的重要作用。

6.1 箱体类零件的视图表达

6.1.1 视图表达方案

（1）零件结构分析

箱体类零件具有复杂的内腔和各种形状的外部结构，通常有安装孔、凸台、沉孔、肋板以及底槽、铸造圆角、拔模斜度等工艺结构，主要作用是支持或包容其它零件，主要加工方法是铸造和钻削。箱体类零件是装配体中重要的基础零件。

图6-1所示的阀体和泵体分别属于箱体类零件中的阀类零件和泵类零件。

(a) 阀体　　　　　　　　　(b) 泵体

图6-1　箱体类零件

（2）视图表达方案

① 选择主视图　箱体类零件的结构形状复杂，加工位置多变，因此其主视图一般按形状特征和工作位置确定。为了表达此类零件的外部形状和内部结构，主视图通常采用剖视方法，如各种全剖视图、局剖视图以及半剖视图。如图 6-2 所示的主视图就采用了半剖视图以同时表达轴承座的正面外形轮廓和孔、槽等内部结构，如安装孔的结构特点以及底槽的正面形状特征。

② 选择其它视图　箱体类零件通常需要多个视图表达外形和内部结构，可根据结构特点采用局部视图、基本视图、剖视图等表达方法。如图 6-2 所示，轴承座的俯视图采用基本视图表达顶部外形以及各类安装孔的形状，左视图采用半剖视图表达侧面外形以及底槽的侧面结构。

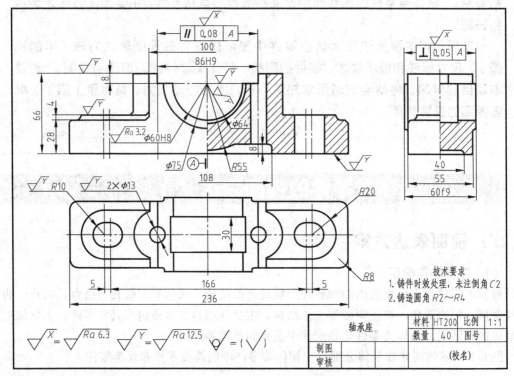

图 6-2　轴承座零件图

作为知识准备，本项目将主要阐述半剖视图的具体用途、绘制方法、尺寸标注、有关注意事项以及零件测绘的基本内容、方法和步骤。

6.1.2 半剖视图的绘制

半剖视图的绘制详见 GB/T 17452—1998、GB/T 4458.6—2003。

（1）绘制和标注

当机件具有对称平面并向垂直于对称平面的投影面投影，则以对称中心线为界，一半画成基本视图，另一半画成剖视图，这种视图就称为半剖视图。

半剖视图是用一个剖切平面剖开机件后得到的剖视图，因此其标注方法可参照单一全剖视图，如图 6-3 所示。半剖视图具有内外兼顾的特点，但必须注意的是，半剖视图只适用于内外形都需表达的对称或基本对称的机件。因为轴对称的原因，在半剖视图的半个基本视图中，其内部轮廓一般不画虚线。一般情况下，剖视图可画在视图的右方或前方。

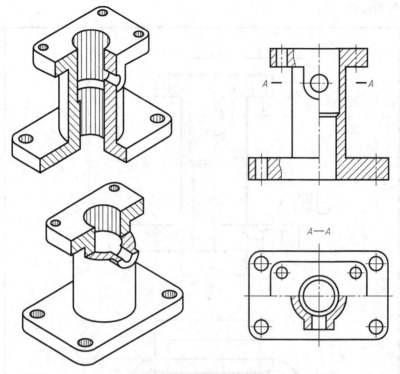

图 6-3　半剖视图与标注

半个剖视图和半个基本视图必须以细点画线为界。如果作为分界线的细点画线刚好和轮廓线重合，则不能使用半剖视图而只能采用局部剖视图，如图 6-4 所示。

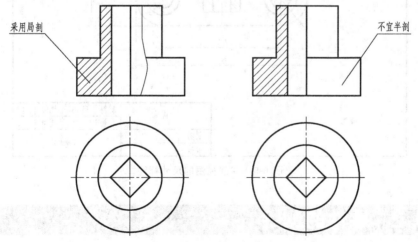

图 6-4　对称机件的局部剖视

（2）半剖视图的尺寸标注

在剖视图中标注尺寸时，应注意将外形尺寸和内形尺寸尽量标注在视图的两侧、直径尺寸尽量标注在非圆视图上以方便看图，如图 6-5 所示的定形尺寸 10、定位尺寸 20、总宽尺寸 40、顶盖安装孔直径 4×φ5 的标注。

半剖视图中不完整的结构尺寸可只画一条尺寸界线，尺寸线应超过对称中心线，即半剖视图中视图与剖视图的分界线，如图 6-5 所示的铅垂通孔的直径 φ18、顶盖的定位尺寸 20 和宽度尺寸 30 等的标注。

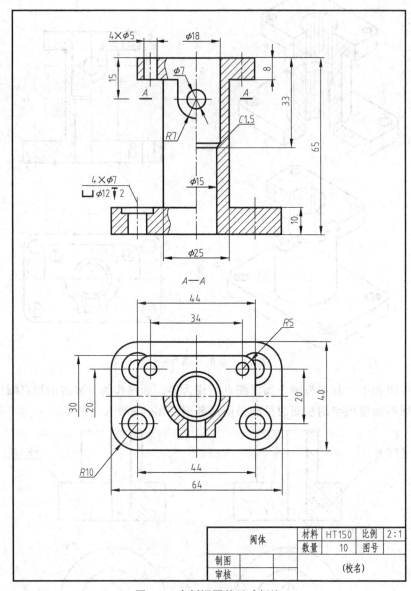

图 6-5 半剖视图的尺寸标注

6.2 零件的测绘

零件测绘的实质就是根据实体零件画出它的图形、测出它的尺寸并制定出相应的技术要求。测绘时，首先徒手画出零件草图，然后根据零件草图画出零件图。测绘是工程从业人员必备的基本技能之一，在产品设计和加工生产中具有广泛的应用。

6.2.1 常用测量工具

尺寸测量是零件测绘过程中的一个重要环节。常用的测量工具有钢直尺、内卡钳、外卡钳、游标卡尺、千分尺等，此外还有专用量具如螺纹规、圆角规等。

（1）钢直尺与卡钳

图 6-6（a）所示的钢直尺主要用于测量读数精度要求不高的线性尺寸（长度尺寸），量出的尺寸可直接在尺的刻度上读出（1mm/格），如图 6-12（a）所示。卡钳通常分为内卡钳和外卡钳两种，如图 6-6（b）所示。图 6-12（b）所示的外卡钳一般测量外径（轴径），图 6-12（c）所示的内卡钳一般测量内径（孔径），两者的测量值通过钢直尺读出。

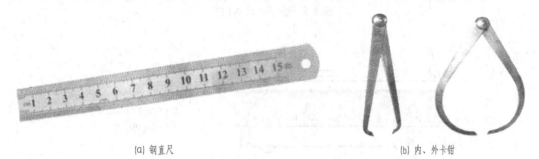

(a) 钢直尺　　　　　　　　　　　　　　(b) 内、外卡钳

图 6-6　钢直尺和内、外卡钳

必须注意的是，由于受到量具本身的精度、测量位置的不精确以及目测读数等方面的影响，卡钳与钢直尺的测量组合会产生比较大的测量误差，因此只能用于一般的估测，并且不宜用卡钳测量正在旋转中的工件。

（2）游标卡尺

游标卡尺主要分为读格式、带表式和电子数显式三种，现以比较常用的读格式游标卡尺为例（图 6-7），简要介绍其外形结构、用途、测量方法以及测量时的注意事项。

游标卡尺由主尺、副尺（游标）、测深杆、紧固螺钉等部分组成，主尺、副尺上各固定一对内、外量爪，紧固螺钉可固定尺寸，其量程通常为 150mm 或 200mm，精度为 0.02mm，主要用于线性尺寸以及内径、外径、深度等的测量，如图 6-8 所示。

游标卡尺的读数方法是：主尺毫米数＋副尺格数×精度（0.02mm）。

主尺上每一小格代表 1mm（1mm/格），副尺上为 0.02mm（0.02mm/格）。读数时，副尺左边"0"刻度线（零位线）所对应的主尺左边相邻刻度线的数值为测量值的整数部分，小数部分则通过副尺上的一条刻度线与主尺上的某条刻度线完全对齐后所对应的数值确定，上述两数之和即为测量值。

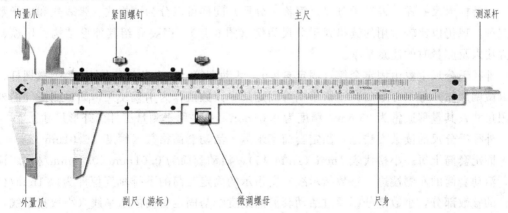

图 6-7　游标卡尺的外形结构

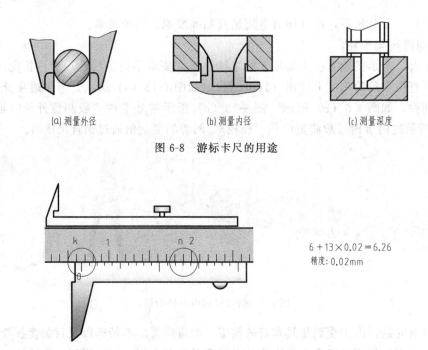

(a) 测量外径　　　　　　　(b) 测量内径　　　　　　　(c) 测量深度

图 6-8　游标卡尺的用途

$6+13×0.02=6.26$
精度：0.02mm

图 6-9　游标卡尺的读数方法

如图 6-9 所示，副尺零位线在主尺厘米数字"1"的左侧，因此其值小于 10mm，主尺毫米数（整数部分）为 6mm，副尺的第 13 格与主尺刻度线对齐，因此格数为 13，乘以精度 0.02mm 后其小数部分为 0.26mm，两者之和 6.26mm 即为某结构的测量值。

使用游标卡尺测量工件时必须注意以下事项。使用前应仔细检查副尺和主尺上的零位线是否对齐，副尺最右边的"0"刻度线也应与主尺的相应刻度线对齐。不要误将副尺外量爪的左侧面作为零位线度量主尺毫米数，如图 6-9 所示的整数部分测量值不能错读为 5mm。测量时应注意卡尺（尤其是量爪）与工件测量面的整洁，不能有污物或毛刺，以免影响测量精度。量爪与被测面的接触既要紧密、又不能施压过大，从而产生较高的测量误差。读数时量爪与工件必须保持接触以提高测量精确度，读数完成后应先将副尺右移一定距离后才能将工件与量爪分离。

（3）外径千分尺

与游标卡尺一样，外径千分尺（简称千分尺）同样可以分为读格式、带表式和电子数显式三种，现仍以比较常用的读格式千分尺为例（图 6-10），简要介绍其外形结构、用途、测量方法以及测量时的注意事项。

外径千分尺主要由固定套筒（固定刻度）、活动套筒（可动刻度）、小砧、测微螺杆、棘轮（微调旋钮）等部分组成，锁紧手柄可固定某一读数值作为卡规使用，如检测工件的外形极限尺寸，其量程通常为 25mm，精度为 0.01mm，主要用于测量工件的外形尺寸。

外径千分尺的读数方法是：固定套筒毫米数＋活动套筒格数×精度（0.01mm）。

固定套筒上每一小格代表 1mm（1mm/格），活动套筒为 0.01mm（0.01mm/格）。读数时，活动套筒的左侧棱边（整数指示线）所指示的固定套筒的下排刻度值即为以 1mm/格为单位的整数部分，小数部分则通过活动套筒的刻度线与固定套筒的水平线（小数指示线）所对应的数值确定，上述两数之和即为测量值。

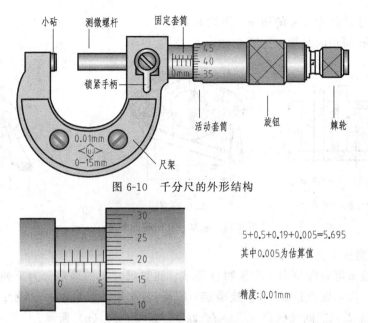

图 6-10　千分尺的外形结构

5+0.5+0.19+0.005=5.695

其中0.005为估算值

精度:0.01mm

图 6-11　千分尺的读数方法

必须注意的是，当活动套筒的棱边旋转到如图 6-11 所示位置时，固定套筒水平线的上方露出刻度线而其右下方无刻度线，此时一定要在原数值上再加 0.5mm。

如图 6-11 所示，活动套筒棱边左侧读数值为（5＋0.5)mm，活动套筒对应于固定套筒水平线的小数部分为 0.19mm（19 格×0.01mm，可直接读出）。由于活动套筒"19"和"20"刻度线在固定套筒水平线之间，可得估算值 0.005mm，各项数值之和 5.695mm 即为某外形尺寸的测量值。

使用外径千分尺测量工件时必须注意以下事项。使用前通过棘轮使小砧和测微螺杆发生接触（此时棘轮发出"咔、咔"声），仔细检查活动套筒"0"刻度线（零位线）是否与固定套筒的水平线对齐。测量时当小砧和测微螺杆与工件测量面比较接近时，应转动棘轮得到精确读数、避免扭坏千分尺的测量机构。测量完成后应反转活动套筒使工件退出。另外，读数时应特别注意是否要在测量值上再加 0.5mm。

6.2.2　零件尺寸的测量

（1）测量方法

根据尺寸的性质、位置、结构的不同，零件的测量一般可分为线性尺寸、径向尺寸、壁厚尺寸、孔间距的测量以及标准结构的测量（如螺距 P、齿轮的模数 m）。

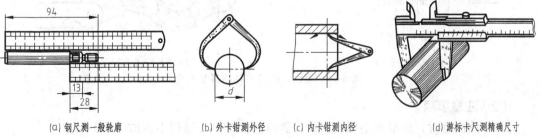

(a) 钢尺测一般轮廓　　(b) 外卡钳测外径　　(c) 内卡钳测内径　　(d) 游标卡尺测精确尺寸

图 6-12　线性尺寸、径向尺寸的测量

① 线性尺寸、径向尺寸的测量　见图 6-12。

② 壁厚、孔间距的测量　见图 6-13。

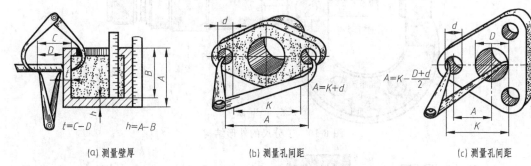

图 6-13　壁厚、孔间距的测量

③ 齿轮的测量　见图 6-14。

齿轮的齿数 z 可直接数出。齿顶圆直径 d'_a（测量尺寸）的确定分为下列两种情况：当齿数为偶数时，齿顶圆直径 d'_a 可直接确定（$d'_a = D$），如图 6-14（a）所示；当齿数为奇数时，齿顶圆直径 d'_a 只能间接确定（$d'_a = d + 2e$），如图 6-14（b）所示。

齿轮的计算模数 m' 可根据公式确定：$m' = d'_a/z + 2$。必须注意的是，计算模数 m' 应换算为标准值（表 4-1），由此计算出标准的齿顶圆直径 d_a、分度圆直径 d、齿根圆直径 d_f。

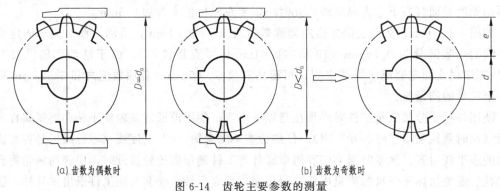

图 6-14　齿轮主要参数的测量

④ 标准螺距、圆弧半径的测量　见图 6-15。

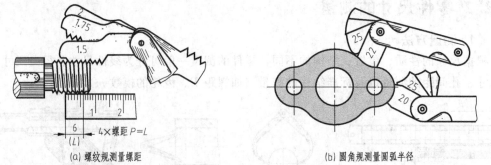

图 6-15　螺距、圆弧半径的测量方法

（2）注意事项

① 零件测量时，应根据不同的测量位置以及测量精度选用不同的测量工具。

② 零件中有配合关系的尺寸，可先根据实测尺寸圆整确定基本尺寸，再根据设计功能

查阅有关国家标准确定公差带代号。

③ 零件中的非配合尺寸，可将测量所得的尺寸圆整确定基本尺寸，其极限偏差可统一注写在技术要求中。

④ 对于螺纹、键槽、齿轮的轮齿部分等标准结构，其测量结果应与标准值统一，以便零件的加工、互换，提高其与其它零件的配合精度。

（3）材料和技术要求

零件测绘时，可根据实物并结合有关经验、资料综合分析，选择零件的材料和有关技术要求，如尺寸公差、形位公差、表面粗糙度、热处理和表面处理等。

① 金属材料的确定　零件的工作性质和用途不同，所采用的材料也必然不同，如滚动轴承就应采用轴承钢 GCr9 或 GCr15。金属材料的选取原则是：既要满足使用要求，又要尽可能地体现经济性。

常用金属材料的名称、牌号、具体应用可查附表 10 确定。

② 极限与配合的选择　选择零件的公差带代号与配合时，既要满足零件的使用要求，又要兼顾加工的工艺性和经济性。公差等级的选择原则是：在满足使用要求的前提下，尽可能采用低的公差等级。

配合类型的选择完全取决于零件在装配体中的功能要求，主要是选好合适的基本偏差代号，合理确定零件的配合类型和基准制度。一般情况下优先采用基孔制，特殊情况下允许采用基轴制。配合类型可根据附表 9 国家标准所规定的 13 种优先配合确定。

③ 表面结构要求的确定　工作表面、配合表面的表面粗糙度 Ra 值应比非工作表面、非配合表面小，即零件的表面应比较光滑。如基本尺寸相同的孔和轴之间的间隙配合或过盈配合，间隙量越小或过盈量越大，配合表面的 Ra 值就应取小值。相对运动速度大的表面、密封表面、耐腐蚀表面或装饰性表面的 Ra 值也应取小值。某些情况下，如要求提高零件接触表面的摩擦因数以产生较大的摩擦力，此时的 Ra 值就应取大值，如在零件表面上滚花（网状或直纹）。

金属零件各种不同用途的 Ra 值可查表 3-2 确定。

（4）徒手绘图

依靠目测估算机件各部分的尺寸比例、徒手绘制的图样称为草图，在工程中常用于各种设计、测绘、修配零件等场合。与仪器绘图一样，徒手绘图同样是非常重要的绘图技能。

绘制草图时应使用稍软的铅笔（如 HB、B 或 2B），铅笔削长一些，铅芯呈圆形，粗细各一支，分别用于绘制粗、细线。另外，还可用有方格的专用草图纸，或者在白纸下面垫一张有格子的纸，以便控制图线的平直和图形的大小。

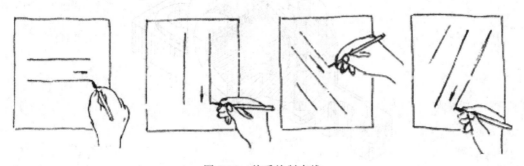

图 6-16　徒手绘制直线

① 直线的画法　画直线时先标出直线的两个端点，在两点之间先画一些短线，再连成一条直线。运笔时手腕要灵活，目光应注视直线的端点，不可只盯着笔尖。

水平线应自左至右画出，垂直线应自上而下画出，斜度较大的斜直线可自左向右下或自右向左下画出。具体绘制方法如图 6-16 所示。

② 圆的画法　画圆时应先画出中心线。较小的圆可在中心线上定出半径的四个端点，然后过这四个端点画圆。稍大的圆可过圆心再作两条斜线并定出半径长度，然后过这八个点画圆。较大的圆可用手作圆规，以小指支撑于圆心，使铅笔与小指的距离约等于圆的半径，笔尖接触纸面不动，然后转动图纸即可得到所需的大圆。具体绘制方法如图 6-17 所示。

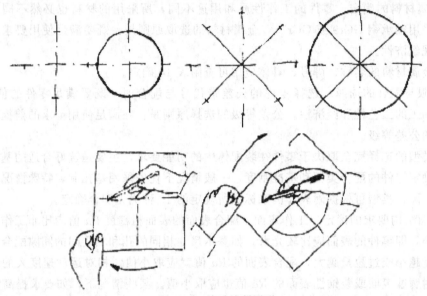

图 6-17　徒手绘制圆形

6.2.3　测绘方法和步骤

（1）熟悉测绘对象

滑动轴承是机械传动中重要的支承装置，其主要作用是通过轴颈与轴承的间隙配合支承轴及轴上零件，传递运动（转动）和动力（转矩），如图 6-18 所示。

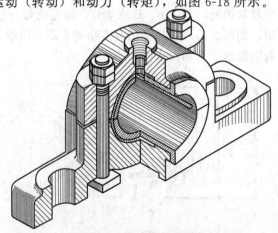

图 6-18　滑动轴承及组成

图 6-18 所示的滑动轴承由轴承座、轴承盖、上轴瓦、下轴瓦、方头螺栓、螺母等零件组成，其中轴瓦、螺栓、螺母、垫圈均为标准件。

（2）分析被测零件

现以图 6-19 所示的滑动轴承中的轴承座为例，具体说明零件测绘的方法和步骤。

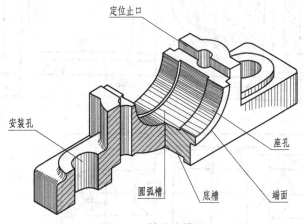

图 6-19　轴承座模型

① **总体分析**　轴承座是滑动轴承中的一个基础零件，其主要作用是放置下轴瓦、定位轴承盖以及固定滑动轴承。轴承座、盖以及上、下轴瓦通过两个方头螺栓组连接，螺栓头部置于轴承座的底槽并采用双螺母旋紧。轴承座属于箱体类典型零件，材料一般为铸铁。

② **结构分析**　轴承座的结构具有对称性，居中的正垂半圆柱孔（座孔）为外凸圆柱面，两侧对称位置各有一个安装孔（腰孔），底部有暗槽以放置方头螺栓头部，同时可减少加工面积，提高接触精度。轴承座的主要加工表面为座孔、定位止口以及前、后端面。

③ **配合关系**　轴承座定位止口的两个侧面和轴承盖配合，前、后端面和下轴瓦的轴肩配合，座孔和下轴瓦的外圆柱面配合，所有配合均有一定的精度要求。

（3）确定表达方案

① 主视图按轴承座的形状特征以及工作位置确定，采用半剖视图以同时表达轴承座的正面外形以及安装孔、螺栓孔、底槽等的内部结构和位置。

② 俯视图采用基本视图表达轴承座的顶部外形以及安装孔、螺栓孔的具体形状。

③ 左视图采用半剖视图补充表达轴承座的侧面外形以及圆弧槽的形状和位置。采用圆弧槽结构可有效提高座孔的加工精度、保证与轴瓦的接触精度。

（4）绘制零件草图

零件草图的表达内容和零件图相同，一般采用徒手绘制的方法完成。绘制时，要求视图表达清晰、图线基本规范、尺寸完整并注写必要的技术要求，如图 6-20 所示。

① 根据测绘所得到的轴承座的总体尺寸和大致比例确定草图的图幅。先画草图的边框线和标题栏，再定各个视图的基本位置，然后画出轴承座的对称中心线、基准面。

② 以目测比例徒手绘制轴承座的各个视图。检查、描深图线，画剖面线。

③ 确定各向尺寸基准，画尺寸线、尺寸界线和尺寸箭头。

④ 测量尺寸，填写尺寸数值、必要的技术要求和标题栏，完成零件草图。

（5）绘制草图时的注意事项

① 零件上的制造缺陷（如砂眼、气孔等）以及磨损、碰伤等都不必画出。

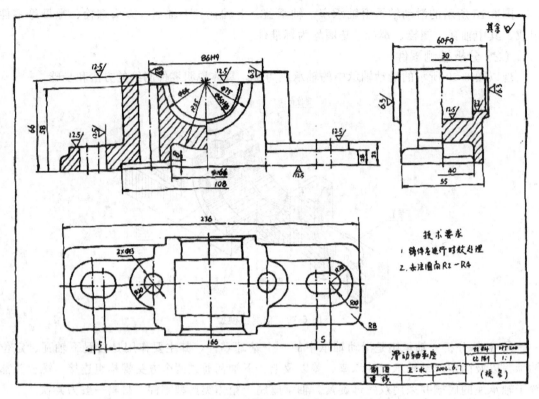

图 6-20　轴承座零件草图

② 先集中画出所有的尺寸界线、尺寸线和箭头，再依次测量、填写尺寸。

③ 零件上标准结构（如螺纹、键槽、退刀槽等）的尺寸必须标准化（查表确定）。

④ 与相邻零件的相关尺寸必须一致，如轴承座座孔与下轴瓦的配合尺寸 $\phi 60H8$。

⑤ 必须保证主要结构的精度，如轴承座定位止口的侧面和轴承盖的配合尺寸 86H9。

⑥ 重要表面（或轴线）的形状与位置公差、表面粗糙度以及有配合关系的孔与轴的配合类型、基准制度必须与原来的设计相符合，如轴承座定位止口侧面的平行度公差要求和前后端面的垂直度公差要求。

零件草图完成后，即可绘制轴承座的零件图，具体表达内容、绘制方法和步骤如下。

6.3　箱体类零件图的绘制

现以图 6-20 所示的轴承座零件草图为例，具体说明箱体类零件图的绘制方法和步骤。

6.3.1　结构分析与视图表达

如前所述，略。

6.3.2　绘制方法和步骤

（1）选比例、定图幅

一般采用 1∶1 常值比例，便于绘图和读图，并根据轴承座的外形轮廓及表达方案取图幅。

（2）确定基准、绘制底稿

以轴承座的左右对称平面为长度设计基准，前后对称平面为宽度设计基准，底面为高度设计基准，轴承座安装孔的轴线以及顶面分别为长度和高度工艺基准（辅助基准），并根据有关尺寸以及表达方案合理布置视图。

绘制底稿时必须根据草图中的实测尺寸确定图线的形状和位置，不要受到草图中手绘图线所产生误差的影响和误导，如零件图中$R55$底槽圆弧面的位置就与草图明显不同。

轴承座的基准确定以及底稿绘制如图 6-21 所示。

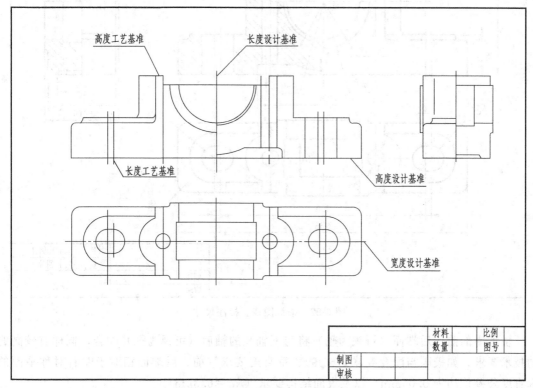

图 6-21 确定基准、绘制底稿

（3）检查描深、标注尺寸

根据国家技术标准的有关规定检查、描深图线并绘制剖面线，尤其注意因铸造圆角而产生的过渡线的画法，各类图线应力求规范、美观、整洁。

根据选定的尺寸基准一次标注完成所有的定形、定位、总体尺寸。由于轴承座的结构比较复杂，因此应特别注意半剖视图中单向尺寸的标注以及尺寸标注时的合理性。

如轴承座与轴承盖配合后，其定位止口两侧的水平面将与轴承盖的定位止口产生间隙以保证接触精度，定位尺寸 8 就应从顶面（高度工艺基准）中直接标出以方便测量。

另外，$\phi60H8$、$\phi64$、$\phi75$、$R55$ 等径向尺寸应直接标注在形状特征明显的主视图上。必须注意的是，为保证装配精度和工艺要求，轴承座与轴承盖将配作加工，所以座孔虽是半圆孔，却要按整孔处理，即用 $\phi60H8$ 代替 $R30H8$。$\phi64$、$\phi75$ 尺寸与此同理。

轴承座图线的检查描深以及尺寸标注如图 6-22 所示。

（4）标注技术要求、填写标题栏

轴承座与轴承盖的定位止口将在其对应的两个侧面上进行配合，因此有具体的极限与配合、形位公差以及表面结构要求。轴承座的定位止口（可视为孔，具体形状为通槽）与轴承盖的定位止口（可视为轴，具体形状为凸台）为基孔制的间隙配合（86H9）、相对于左右对称平面的平行度公差值为 0.08mm、表面粗糙度 Ra 值为 6.3μm。

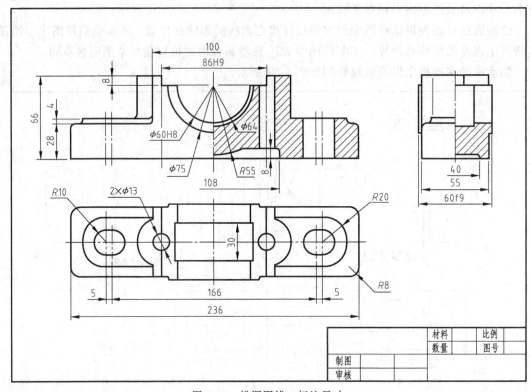

图 6-22　描深图线、标注尺寸

轴承座的前、后端面（可视为轴）将与下轴瓦的轴肩（可视为孔）配合，同样有较高的的技术要求，如极限与配合要求（60f9）、垂直度要求（前、后端面相对于左右对称平面的垂直度公差值均为 0.05mm）以及表面结构要求（$Ra=6.3μm$）。

另外，φ60H8 座孔将和下轴瓦的外圆柱面配合，是配合时的基准孔，因此表面结构要求最高，其 Ra 值为 3.2μm，可通过与轴承盖配作钻削并铰孔完成。其它加工表面（如螺栓孔和安装孔）的 Ra 值取 12.5μm，非加工表面为毛坯，最后文字说明其它技术要求。

根据国家技术标准标注完成各项技术要求后应仔细检查、勘误，最后填写标题栏。

轴承座技术要求的标注以及标题栏的填写如图 6-23 所示。

6.4　箱体类零件图的识读

现以图 6-24 所示的泵体零件图为例，具体说明箱体类零件图的识读方法和步骤。

（1）概括了解

零件名称为泵体，是工程中的重要供油装置——齿轮泵的基础零件。泵体的材料为铸铁HT200，比例 1：1.5，数量 1 件，工艺结构有倒角、沉孔、底槽和铸造圆角，主要加工方法是铸造、钻削、铰削、攻螺纹和磨削，主要作用是包容传动齿轮、连接左右端盖、安装齿轮泵以及进、出油液的通道（图 6-25），属箱体类零件中的泵类零件。

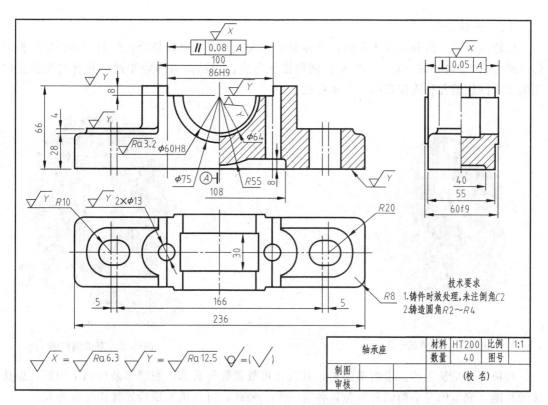

图 6-23　标注技术要求、填写标题栏

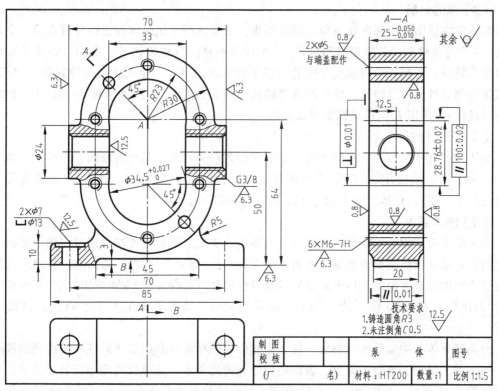

图 6-24　泵体零件图

（2）形体分析

齿轮泵泵体可拆分成两大形体：主体部分和底板部分。主体部分的外形和内腔都是长圆形（腰形），腔内容纳一对传动齿轮。两侧锥台有进、出油口与内腔相通，并有与端盖定位用的2个圆柱销孔和连接用的6个螺钉孔。

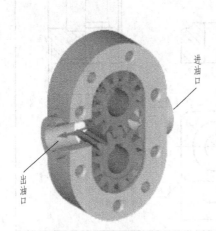

图 6-25　泵体的作用

图 6-26　泵体模型图

底板部分呈长方体，带铸造圆角，其沉孔可放置螺栓头部，底槽可减少加工面积，提高接触性能。底板的左右两侧对称位置各有一个安装孔，可与机架螺栓连接固定齿轮泵。

泵体的结构特点和形体分析如图6-26所示。

（3）视图分析

泵体的主视图采用基本视图结合局部剖视。基本视图表达泵体的正面外形以及2个定位销孔、6个连接螺孔的具体形状和位置，3个局部剖视图分别表达进、出油口以及安装孔的内部结构特征。左视图采用两个相交的剖切平面形成的 $A—A$ 全剖视图（旋转剖），分别表达泵体的侧面外形以及销孔、螺孔的内部结构（均为通孔）。为反映泵体的底部外形和底槽结构（通槽），采用 B 向局部视图予以表达。

（4）尺寸分析

泵体的长度基准为左右对称平面，宽度基准为后面，高度基准为底面。主要定形尺寸有 G3/8、$\phi 34.5^{+0.027}_{0}$ 和 R30，定位尺寸有 R23、45°、50、70 和 28.76±0.02（也是传动齿轮啮合时的中心距），总体尺寸为 85、25、94（64＋R30）。

（5）技术要求

泵体的主要结构是长圆形内腔和进、出油口，主要加工面是与端盖连接的前、后面（两者之间衬有垫片以防止油液泄漏）和内腔的半圆柱孔（$\phi 34.5^{+0.027}_{0}$：基孔制，搅油时与齿顶保持较小间隙以最大限度地压出油液）以及定位销孔（2×$\phi 5$，与端盖配作），其表面粗糙度（采用旧国标标注）Ra 值均为 0.8μm，需采用铰削、磨削等加工方法才能达到表面质量要求。

为保证泵体与端盖的连接精度、传动齿轮的接触精度以及内腔半圆柱孔与齿顶的较小间隙，实际加工时除了极限与配合、表面结构等方面的要求，还有较高的形位公差要求。

如图6-18所示，泵体与端盖连接的前、后面之间的平行度公差要求以及半圆柱孔的中心轴线相对于后面的垂直度要求均为 0.01mm，其它技术要求有铸造圆角 R3、未注倒角

C0.5 以及未注加工表面的表面粗糙度 Ra 值 12.5μm，非加工表面为毛坯。

（6）综合归纳

泵体为铸造零件，通过钻削（含铰削、攻螺纹）、磨削等加工手段完成，主要加工面是内腔的半圆柱孔、定位销孔以及与端盖连接的前、后面，主要作用是包容传动齿轮、连接端盖以及安装齿轮泵，属箱体类典型零件中的泵类零件。

泵体采用三个视图表达各向外形和内部结构，其左右对称平面为长度基准，后面为宽度基准，底面为高度基准，外形尺寸 85mm×25mm×94mm。

泵体内腔的半圆柱孔是基准孔，其中心轴线相对于后面的垂直度要求是 0.01mm。两半圆柱孔中心轴线的中心距是 28.76±0.02mm，其平行度公差要求是 100 ∶ 0.02mm。前、后面同样有具体的极限与配合要求（极限偏差）以及形位公差要求（平行度）。加工表面的表面粗糙度 Ra 值最大是 12.5μm，最小是 0.8μm，其余为毛坯。

知识点梳理和回顾

箱体类零件作为包容件是装配体中最重要的基础零件，它具有复杂的内腔和各种形状的外部结构，主要工艺结构是凸台、沉孔、肋板以及底槽、铸造圆角、拔模斜度，主要作用是支持或包容零件，主要材料是灰铸铁（HT200），主要加工方法是铸造和钻削。

一、知识准备

1. 半剖视图的绘制

以对称机件的对称中心线为界，将其一半画成基本视图，另一半画成剖视图，这种视图表达方法即为半剖视图。一般情况下，剖视图可画在视图的右方或前方，即剖右不剖左，剖前不剖后。在半剖视图的半个基本视图中，其内部轮廓一般不画虚线。

半剖视图具有内外兼顾的特点，但只适用于内外结构都需表达的对称（或基本对称）机件。半剖视图剖切位置、投影方向、视图名称等的标注可参照单一全剖视图。半剖视图中不完整的结构尺寸可采用单向标注，即只画一条尺寸界线，尺寸线超过对称中心线。

2. 零件测绘

零件测绘的实质就是根据实体零件画出它的图形、测出它的尺寸并制定出相应的技术要求。测绘时，首先以徒手画出零件草图，然后根据零件草图画出零件图。

根据尺寸的性质、位置、结构的不同，零件的测量一般可分为线性尺寸、径向尺寸、壁厚尺寸、孔间距以及标准结构（螺纹、键槽、轮齿）的测量，常用的测量工具有钢直尺、卡钳、游标卡尺、外径千分尺、螺纹规、圆角规等。

钢直尺主要用于测量读数精度要求不高的线性尺寸。外卡钳一般测量外径（轴径），内卡钳一般测量内径（孔径），两者的测量值通过钢直尺读出。

游标卡尺主要用于线性尺寸以及内径、外径、深度等的测量，其读数方法是主尺毫米数＋副尺格数×精度（0.02mm）。外径千分尺主要用于测量工件的外形尺寸，其读数方法是固定套筒毫米数＋活动套筒格数×精度（0.01mm）。测量时必须注意：测量前量具必须"对零"，测量时应注意量具测量面与工件的整洁和接触压力，以免影响测量精度；读数时量具测量面与工件必须保持接触，读数完成后右移副尺或旋松活动套筒才能分离工件；千分尺应特别注意是否要在测量值上再加 0.5mm。

零件测绘时必须注意以下方面：根据精度要求和测量位置合理选择测量工具；零件中的配合尺寸应根据国标和设计功能确定公差带代号；对于螺纹、键槽、轮齿等标准结构，其测量结果应与标准值统一。

零件测绘时可根据实物并结合有关经验、资料综合分析，选择零件的材料和有关技术要求，如尺寸公差、形位公差、表面粗糙度、热处理和表面处理等。

配合类型可根据附表 9 国家标准所规定的 13 种优先配合确定。一般情况下优先采用基孔制，特殊情况下允许采用基轴制。工作表面、密封表面、耐腐蚀表面或装饰性表面的表面粗糙度 Ra 值应取小值。如果零件表面需产生较大的摩擦力，Ra 值应取大值。

零件测绘时金属材料的选取原则是：既要满足使用要求，又要尽可能地体现经济性。常用金属材料的名称、牌号、具体应用可查附表 10 确定。

3. 测绘方法和步骤

了解、熟悉测绘对象，通过对被测零件的作用、材料、配合以及形状、位置特征等综合分析后，确定零件的表达方案，然后绘制零件草图。

零件草图的表达内容和零件图相同，一般采用徒手绘制的方法完成。绘制时，要求视图表达清晰、图线基本规范、尺寸完整、注写必要的技术要求、自制标题栏填写零件信息。零件草图完成后，即可按照零件图的基本绘制方法绘制零件图。

二、箱体类零件图的绘制

箱体类零件的主视图可依据形状特征原则和工作位置原则确定，采用基本视图、局部视图、全剖视图、局剖视图等表达机件的外部形状和内部结构。

箱体类零件需确定三个方向的设计基准，并根据加工和测量要求设置工艺基准。设计基准通常是零件的对称平面、重要安装面、工作孔的轴线等。尺寸标注时应注意加工、测量时的合理性以及对基准的有效利用。

箱体类零件的工作、安装部分有相应的极限与配合、位置公差、表面粗糙度等要求，工艺结构有凸台、沉孔、凹槽以及铸造圆角、拔模斜度，同时应注意过渡线的位置和表达。材料以灰铸铁居多，因此在技术要求里必须注明未注铸造圆角值和时效处理。

具体的绘图步骤是零件结构分析、视图表达方案、选比例定图幅、布图绘制底稿、检查描深图线、标注尺寸和技术要求、填写标题栏。

三、箱体类零件图的识读

通过标题栏概括了解零件的名称、材料、比例等基本信息，分析每个视图的表达重点和方法，分清视图之间以及每个基本形体的投影关系，想象、构思零件的空间轮廓。

确定零件的各向基准以及定形、定位尺寸，并根据总体尺寸判断零件的空间大小。根据标注或文字说明的技术要求确定零件的主要结构和主要配合面、基准面以确定加工重点，分析加工方法，保证加工质量，提高加工效率。

在上述分析的基础上，综合零件的各项基本信息，将零件的结构形状、尺寸标注以及技术要求等予以归纳，从而对零件有一个比较全面的了解和熟悉。

项目 7
装配图的识读与绘制

表达机器或部件的工程图样称为装配图。装配图的主要作用是表达机器或部件的工作原理、装配关系、结构形状和技术要求，指导机器或部件的装配、检验、调试、维修等，是工程界进行技术交流的重要技术文件。

本项目将主要阐述装配体的典型工艺结构和密封装置、装配图表达方法中的规定画法和特殊画法、螺栓（柱、钉）连接的比例画法、滚动轴承的规定画法和标记、部件的测绘方法以及装配图的识读与绘制。通过本项目的学习，将回顾、总结典型零件的结构特点和绘制方法，完善、提高工程图样的表达技巧和应用能力，为最体现综合行动能力的教学项目——减速器装配体的测绘创造必要的技术条件。

 ## 7.1 装配图的视图表达

7.1.1 装配图的作用和内容

（1）装配图的作用

装配图是表达机器或部件的工程图样。表达机器的图样称为总装配图，表达部件的图样称为部件装配图。装配图主要表达机器或部件的工作原理以及零、部件的装配关系，是工程设计和生产中的重要技术文件。

机器是人工的物体组合，各组成部分具有确定的相对运动（包括相对静止）并能实现能量转换或做机械功，如车床和自行车。部件是零件按一定位置的集合并产生一定的功能，如齿轮泵和滑动轴承。部件和部件、部件和零件之间通过一定的连接方式达到设计所规定的功能就构成了机器，如车床就由带传动机构、变速箱、夹具、床身等组成。

产品设计时，一般先根据产品的工作原理画出装配草图并整理形成装配图，然后进行零件设计，画出零件图。产品制造时，一般先根据零件图进行零件的加工和检验，再按照装配图将零件装配成机器或部件，此时的装配图是制定装配工艺规程、进行装配和检验的技术依据。产品使用和维护时，同样需要装配图了解其工作原理和具体构造。

（2）装配图的内容

① 一组视图　根据机器或部件的具体结构，选用适当的表达方法，用一组视图表达机器或部件的工作原理、装配关系、零件的相互位置以及主要零件的结构形状，是装配图的核心部分。

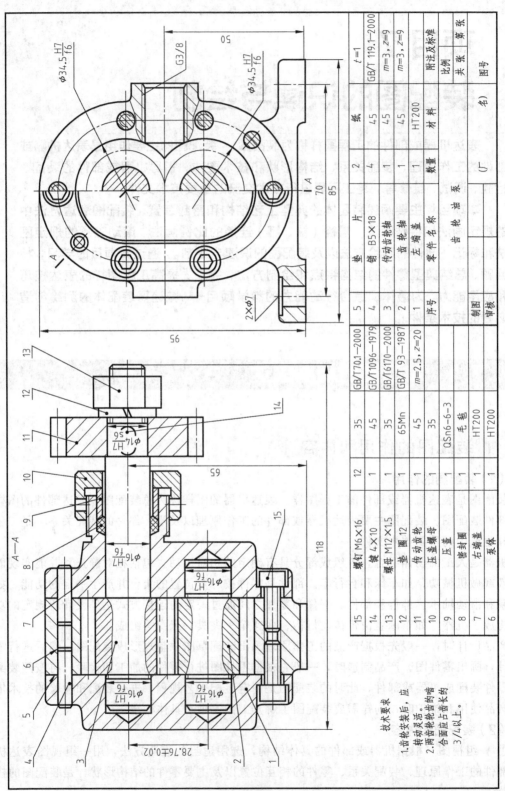

15	螺钉 M6×16	12	GB/T70.1—2000	35	5	垫 片 B5×18	2	纸	$t=1$
14	键 4×10	1	GB/T1096—1979	45	4	销 B5×18	4	45	GB/T 119.1—2000
13	螺母 M12×1.5	1	GB/T6170—2000	35	3	传动齿轮轴	1	45	$m=3, z=9$
12	垫 圈 12	1	GB/T 93—1987	65Mn	2	齿轮轴	1	45	$m=3, z=9$
11	传动齿轮	1	$m=2.5, z=20$	45	1	左端盖	1	HT200	
10	压盖螺母	1		35	序号	零件名称	数量	材 料	附注及标准
9	压盖	1		QSn6-6-3					
8	密封圈	1		毛毡	制图		(厂 名)	比例	共 张 第 张
7	右端盖	1		HT200	审核	齿轮油泵			图号
6	泵体	1		HT200					

技术要求
1. 齿轮安装后，应转动灵活。
2. 两齿轮齿宽的啮合面应占齿长的 3/4 以上。

图 7-1　齿轮泵装配图

如图 7-1 所示的齿轮泵装配图中的主视图采用全剖视图，主要表达齿轮泵零件之间的装配关系、结构特征以及相互之间的位置关系。左视图采用半剖视图（沿左端盖和泵体结合面剖切）结合局部剖视（沿进油口轴线），主要表达齿轮泵的工作原理、侧面外形、泵盖与泵体的连接方式、安装孔以及进、出油口的形状和位置。

② 必要尺寸 在装配图中必须标注反映机器或部件的规格、外形、装配、安装所需的尺寸。另外，在设计过程中经过计算而确定的尺寸以及反映零件运动极限等的重要尺寸也必须标注。

如图 7-1 所示的齿轮泵装配图中所标注的 50、70、118、$\phi16H7/f6$、$2\times\phi7$ 等尺寸均是齿轮泵设计和工作过程中的必要尺寸。

③ 技术要求 在装配图中用文字或规定的国标代号、标注方法注写装配体在装配、检验、使用、维修等方面的具体要求。

如图 7-1 所示的齿轮泵装配图中的齿轮轴中心距 28.76 ± 0.02 以及有关文字说明。

④ 序号、明细栏、标题栏 根据国家标准绘制明细栏，按一定格式将零、部件进行编号，填写零、部件的序号、名称、数量、材料以及备注项，并在标题栏中填写装配体的名称、比例、数量等基本信息。

如图 7-1 所示的齿轮泵装配图中的序号 6 为泵体零件，数量 1 件，材料为 HT200。

7.1.2 装配图的表达方法

装配图的表达方法详见 GB/T 10609.1—2009。

装配图的表达重点是正确、清晰、合理地反映装配体的工作原理、结构位置、零件之间的装配关系等各项重要内容。零件图中的各种表达方法以及相关规定同样适用于装配图，但由于表达重点各有不同，国家技术标准对装配图的表达又作了一些具体规定。

（1）规定画法

① 相邻零件的接触面或配合面 相邻零件接触面或配合面只画一条轮廓线，非接触面或非配合面则不论间隙大小，均要画成两条轮廓线。如图 7-2 所示的机座与轴承的配合面只画一条轮廓线，齿轮与键的非接触面要画两条轮廓线。

② 相邻零件的剖面符号 相邻金属零件的剖面符号（剖面线）应尽可能以不同方向或间隔画出以方便看图。如图 7-2 所示的端盖与机座的剖面线即为反向绘制。必要时也可同向绘制，如端盖与轴承的剖面线方向相同但间隔不等。

必须注意的是，装配图中反映同一零件的剖视图、断面图的剖面线方向、间隔必须完全一致。另外，装配图中宽度≤2mm 的窄断面可涂黑表示，如图 7-2 所示的垫片。

③ 实心零件的画法 标准件如螺栓、螺母、键以及轴、球、手柄、连杆等实心零件，若沿纵向剖切且剖切平面通过其对称平面或轴线时均按不剖绘制（不画剖面线）。如需表明这些零件的凹槽、键槽以及销孔等内部结

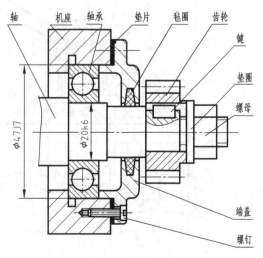

图 7-2 规定画法

构，可用局部剖视图表示。如图 7-2 所示的轴、螺钉和键均按不剖处理，并采用局部剖视图表达轴和齿轮间的键连接关系。

（2）特殊画法

为使装配图能简便、清晰、合理地反映装配体中某些结构的形状特征，国家标准规定了装配图的各种特殊画法以提高绘图效率，使图面更加简洁、美观，方便看图和画图。

① 简化画法　在装配图中，零件的退刀槽、倒角、圆角、滚花、拔模斜度等工艺结构均可省略不画以简化作图，如图 7-2 规定画法中轴的绘制。另外，若干相同的零件组可完整地画出一组，其余用点画线表示其位置，如图 7-3（b）中的螺栓连接。

② 假想画法　在装配图中，当需要表达某些零、部件的运动范围、极限位置或与未画出部分的位置关系时，可用双点画线画出相邻零、部件的部分轮廓。如图 7-3（b）所示的转子油泵主视图与转子油泵相邻的零（部）件即是用双点画线画出的。

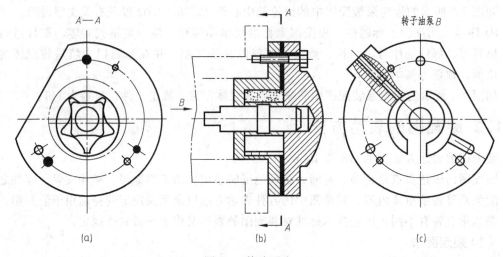

图 7-3　特殊画法一

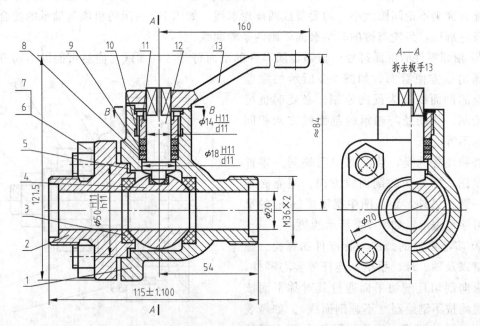

图 7-4　特殊画法二

③ 单独画法　在装配图中，当某个重要零件的主要结构在其它视图中未能表达清楚，可单独画出该零件的某一视图，如图 7-3（c）所示的转子油泵 B 向视图。必须注意的是，采用单独画法时必须在所画视图的上方注明该零件以及视图的名称。

④ 拆卸画法　在装配图中，当某些零件遮住了所需表达的结构时，可假想沿这些零件的结合面剖切或拆卸零件后绘制，并注写"拆去零件××"。

如图 7-3（a）所示的转子油泵右视图采用的就是沿零件结合面剖切的画法，图 7-4 所示的球阀装配图的左视图则是拆去扳手 13 后画出的。必须注意的是，采用沿零件的结合面剖切形成的剖视图必须标注。

7.1.3 尺寸标注和技术要求

（1）尺寸标注

由于装配图主要表达零、部件的装配关系，所以并不需要标注零件的全部尺寸，只需标注一些必要的尺寸即可。这些尺寸按其作用不同，可分为以下五类。

① 规格尺寸　是表示机器或部件规格和性能要求的尺寸，是设计和选用产品的主要依据。如图 7-1 所示的齿轮泵装配图中进、出油口的管螺纹尺寸 G3/8 就是规格尺寸，它表达了齿轮泵进、出油口与油管的连接关系以及流量大小。

② 装配尺寸　是表示零、部件之间有配合关系以及相对位置的尺寸。如图 7-1 所示的齿轮泵装配图中的 $\phi 16H7/f6$、$\phi 34.5H7/f6$ 等零件配合时所需的尺寸即为装配尺寸。

③ 安装尺寸　是表示机器或部件安装到基座或其它工作位置时所需的尺寸。如图 7-1 所示的齿轮泵装配图中的 $2 \times \phi 7$、70 等安装时所需的尺寸即为安装尺寸。

④ 外形尺寸　是表示机器或部件总长、总宽、总高的外形轮廓尺寸。如图 7-1 所示的齿轮泵装配图中的 118、85、95 等总体尺寸即为外形尺寸。

⑤ 其它重要尺寸　是表示机器或部件在设计过程中经过计算而确定的尺寸、主要零件的主要尺寸、在装配或使用过程中必须说明的尺寸如运动件的极限位置。如图 7-1 所示的齿轮泵装配图中的 28.76 ± 0.02、50、65 等尺寸即为其它重要尺寸。

必须注意的是，在装配图中以上五类尺寸并不一定要全部标注。另外，有时同一个尺寸可能同时兼有几种含义。

如图 7-1 所示的高度尺寸 65，它既是齿轮泵与外部装置的连接高度（规格尺寸），又是传动齿轮轴的定位尺寸（其它重要尺寸）。

（2）技术要求

装配图的技术要求一般仅需标注必要的极限与配合、位置公差要求，其余的技术要求可用文字注写在图样下方的空白处。装配图的技术要求包括以下几个方面。

① 装配要求　是指零、部件装配时以及装配后必须保证的配合精度。如图 7-1 所示的齿轮泵装配图中的 $\phi 16H7/f6$ 配合尺寸即表示轴颈与滑动轴承孔为基孔制的间隙配合。

② 检验要求　是指零、部件装配时以及装配后为保证其精度的各种检验方法。如图 7-1 所示的齿轮泵装配图中的文字说明："两齿轮轮齿的啮合面应占齿长的 3/4 以上"。

③ 使用要求　是指零、部件装配后装配体的工作性能、保养方法以及使用时的具体要求。如图 7-1 所示的齿轮泵装配图中的文字说明："齿轮安装后，应转动灵活"。

7.1.4 零、部件的序号和明细栏

零、部件的序号和明细栏详见 GB/T 4458.2—2003、GB/T 10609.2—2009。

（1）基本规定

① 装配图中所有的零、部件都必须编写序号并在明细栏中填写有关内容。

② 装配图中零、部件的序号要与明细栏中对应的序号所表达的内容一致。

③ 同一装配图中相同的零、部件只编写一个序号，其数量填写于明细栏。

（2）序号的编写方式

装配图中零件的序号由小黑点、指引线（细直线）、序号数字组成，如图 7-5（a）所示。

必须注意的是，同一装配图中不同序号的表现形式（小黑点、指引线、序号数字）必须一致。小黑点应画于图形的空白处，特殊情况下（如垫片的厚度 $\delta \leqslant 2mm$ 时，其剖面涂黑处理）可用箭头代替，如图 7-5（b）所示。

序号的指引线不能相交或与剖面线平行，必要时可画成折线，但只可转折一次。紧固件或装配关系清楚的零件组可采用公共指引线，如图 7-5（c）所示。

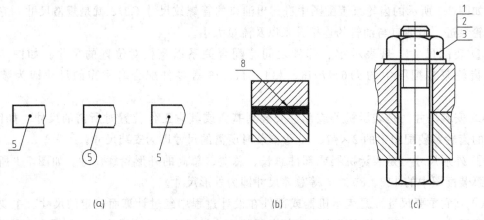

图 7-5　序号的编写方式

序号应按顺时针或逆时针方向统一、有序地编写，其间隔应尽可能相等，并沿水平和垂直方向整齐排列，如图 7-1 齿轮泵装配图所示。

（3）明细栏

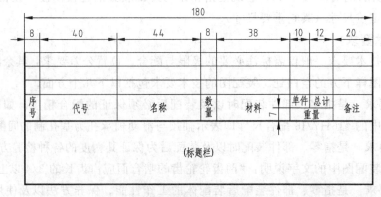

图 7-6　明细栏与标题栏

明细栏应画于标题栏的上方和左方，与序号相对应的零件内容必须自下而上填写。备注栏可填写零、部件的附加说明或其它重要内容（如标准件的国标号），如图 7-6 所示。

7.1.5 装配工艺结构和密封装置

装配图中应充分考虑装配结构的合理性以及密封性能，以保证机器或部件的正常使用。

（1）装配工艺结构

① 两个零件在同一方向上只能有一个接触面或配合面，以保证零件的接触或配合性能良好，如图 7-7 所示。

② 轴颈和孔配合时，孔端面必须倒角或在轴肩根部加工出退刀槽，以保证轴肩端面与孔端面的完全接触，如图 7-8 所示。

（2）密封装置

为防止机器或部件内部的液体或气体向外渗漏，同时也避免外部的灰尘、水汽等杂质侵入，就必须采用密封装置。在常用的密封装置中，油泵、阀门等部件常用填料（半固体）密封，通过压盖和压盖螺母压紧，如图 7-9（a）所示。管道接口处常用垫片（密封圈）密封并通过螺母压紧，如图 7-9（b）所示。

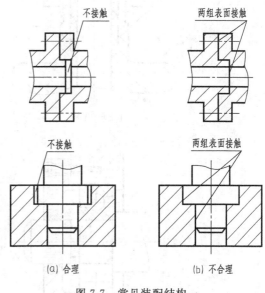

图 7-7　常见装配结构一

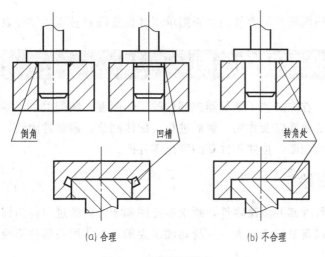

图 7-8　常见装配结构二

滚动轴承与轴通常采用垫片、毡圈等作为密封材料，其常用的密封装置如图 7-9（c）所示。也可采用机械密封装置，如图 7-9（d）所示的油沟式密封。

另外，为防止机器或部件因工作振动而使螺纹紧固件松动，常采用双螺母、垫圈、开口销等防松装置。一般工作情况下仅需加装平垫圈或弹簧垫圈即可起到防松作用。必须注意的

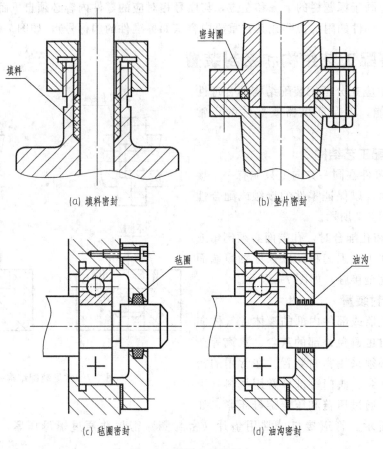

(a) 填料密封　　　　　　　　　(b) 垫片密封

(c) 毡圈密封　　　　　　　　　(d) 油沟密封

图 7-9　常用密封装置

是，弹簧垫圈和平垫圈最好配套使用，否则单用弹簧垫圈容易压坏零件表面。

7.2　装配图的绘制

绘制装配图时，首先必须了解机器或部件的工作原理、装配关系、零件的装拆顺序、结构特点、每个零件的属性以及作用，然后进行装配体测绘，即部件测绘，最后按照装配示意图、装配草图画出装配图，按照零件草图画出零件图。

7.2.1　部件测绘

对已有部件进行拆卸并测绘零件，画出装配图和零件图的过程称为部件测绘，常用于维修或仿制加工。现以重要支承部件——滑动轴承为例，具体说明部件测绘的方法和步骤。

（1）拆卸工具

拆卸部件时，为避免损坏零件和影响零件精度，应在分析装配体结构特点的基础上，选用合适的工具合理、有序地拆卸。常用的拆卸工具如表 7-1 所示。

拆卸部件时必须注意：拆卸前仔细分析装配体的装配关系、连接方式、拆卸顺序。拆卸时采用合理、可靠的拆卸工具。原则上不拆焊接、铆接、过盈配合等不可拆连接，标准件（如滚动轴承、油杯等）不能拆卸。必要时对拆下的零件进行编号，标准件列出细目。

表 7-1　常用拆卸工具

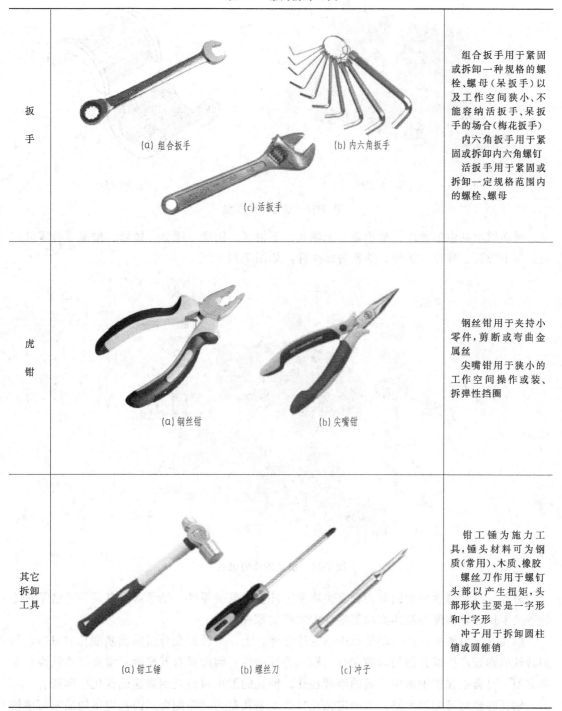

扳手	(a) 组合扳手　(b) 内六角扳手　(c) 活扳手	组合扳手用于紧固或拆卸一种规格的螺栓、螺母（呆扳手）以及工作空间狭小、不能容纳活扳手、呆扳手的场合（梅花扳手） 内六角扳手用于紧固或拆卸内六角螺钉 活扳手用于紧固或拆卸一定规格范围内的螺栓、螺母
虎钳	(a) 钢丝钳　(b) 尖嘴钳	钢丝钳用于夹持小零件，剪断或弯曲金属丝 尖嘴钳用于狭小的工作空间操作或装、拆弹性挡圈
其它拆卸工具	(a) 钳工锤　(b) 螺丝刀　(c) 冲子	钳工锤为施力工具，锤头材料可为钢质（常用）、木质、橡胶 螺丝刀作用于螺钉头部以产生扭矩，头部形状主要是一字形和十字形 冲子用于拆卸圆柱销或圆锥销

（2）了解、分析装配体

　　测绘开始前，首先要对装配体进行结构分析，必要时查阅有关技术资料，了解装配体的具体用途、工作原理、结构特点以及各个零件之间的装配关系。

　　如图 7-10（a）所示的剖分式滑动轴承是机械传动中重要的支承部件，其工作原理是通过轴颈与轴承孔的间隙配合支承轴及轴上零件，传递运动（转动）和动力（转矩）。

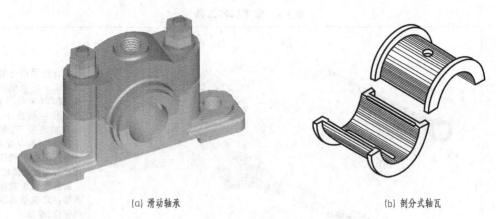

(a) 滑动轴承　　　　　　　　　　　　　(b) 剖分式轴瓦

图 7-10　滑动轴承模型

滑动轴承共由轴承座、轴承盖、上轴瓦、下轴瓦、销套、螺柱、螺母、垫圈 8 种零件组成，其中轴瓦、螺柱、螺母、垫圈为标准件，如图 7-11 所示。

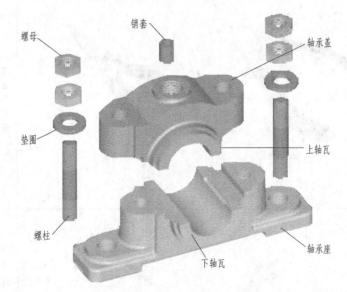

图 7-11　滑动轴承的组成

另外，滑动轴承中的销套为轴套类典型零件中的套类零件，轴承盖为盘盖类典型零件中的盖类零件，轴承座为箱体类典型零件中的座类零件。

轴瓦（又称轴衬）是滑动轴承中的主体零件，上、下轴瓦配合后形成基准孔（H7），与回转轴的轴颈产生基孔制的间隙配合。轴瓦为标准件，因此具有互换性，维修（即调换）非常方便，可有效保护轴承座、盖的半圆柱孔。轴瓦的常用材料是铝青铜或碳化硅陶瓷。

轴瓦的轴肩可和轴承座、盖的定位止口产生基孔制的间隙配合。内孔均布的油槽可使轴颈转动灵活，避免产生滞油现象。上轴瓦顶部的油孔与销套对接，如图 7-10（b）所示。

滑动轴承的装配顺序是：轴承座→下轴瓦→上轴瓦→轴承盖→销套→螺柱→垫圈→螺母。螺柱连接后，轴承座、盖与上、下轴瓦的位置随之固定。

了解、分析装配体后，可按照主要装配关系依次拆卸各个零件，通过分析零件的作用和结构，进一步了解各零件之间的装配关系，确定配合性质。

拆卸过程一般为装配过程的逆过程。为避免零件的丢失与混淆，拆卸时可对零件进行编号并妥善放置，同时区分标准件与非标准件，做好相应的记录。标准件只要在测量特征尺寸后查阅标准、核对并写出规定标记即可，不必画零件（草）图。

（3）绘制装配示意图

装配示意图是表达装配体中各零件的相互位置、装配关系、拆卸顺序的示意性图样，是重新装配部件和画装配图的主要依据，因此装配示意图在部件测绘中具有重要的地位。绘制装配示意图时的常用符号如表 7-2 所示。

表 7-2　装配示意图常用符号（GB/T 4460—1984）

名　称	基　本　符　号	名　称	基　本　符　号
圆柱齿轮	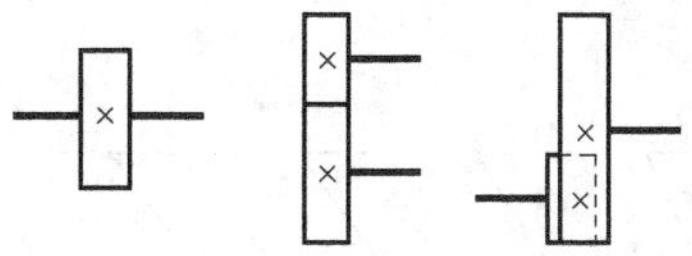	齿条传动	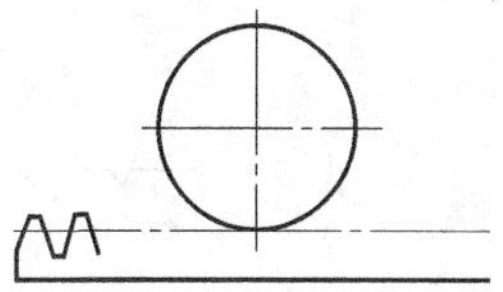
圆锥齿轮	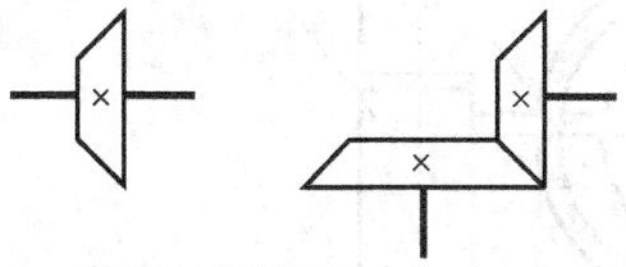	带传动（主视）	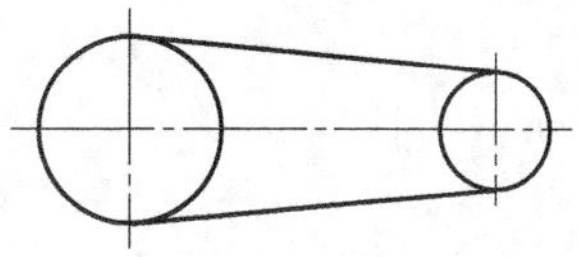
蜗轮蜗杆	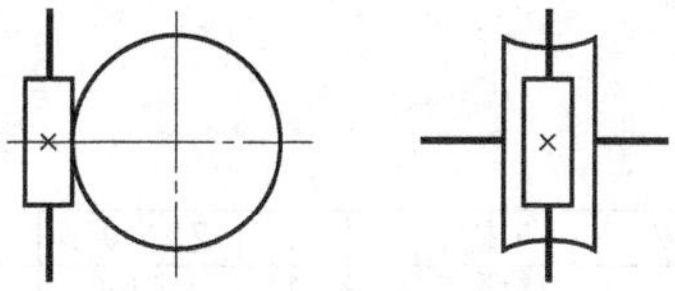	带传动（俯视）	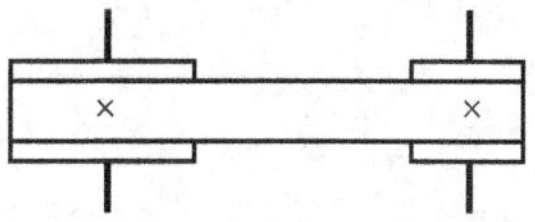
螺杆传动螺母传动	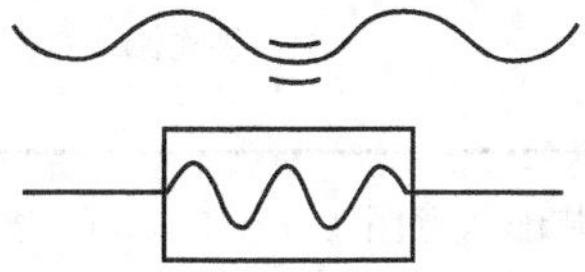	螺栓连接螺柱连接	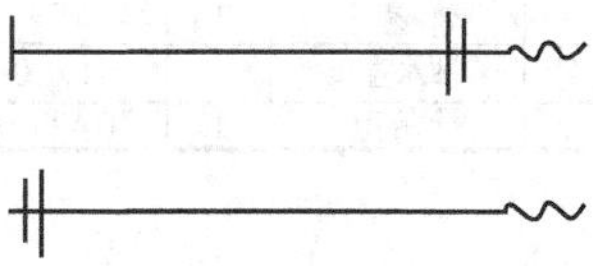
滑动轴承滚动轴承	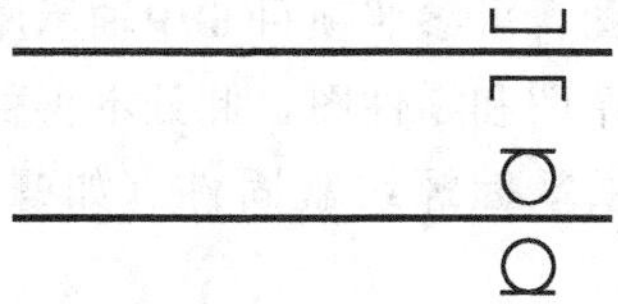	压缩弹簧拉伸弹簧	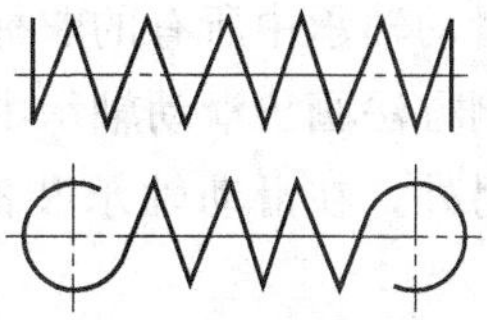

现以图 7-12 所示的滑动轴承装配示意图为例，具体说明绘制装配示意图的注意事项。

① 装配示意图仅用简单的线条和符号（表 7-2）表达部件中各个零件的大致形状和装配关系，如轴类零件可用特粗线（$2b$，b 为图中粗实线的宽度）表示，图 7-12 中轴承座 1 仅画出基本形状和位置，同时表达其与轴承盖 4、下轴瓦 2 以及螺柱组的装配关系。

② 装配示意图通常仅画出一个方向的投影简图，其上尽可能集中反映全部零件，如图

7-12 所示。若部件复杂（如减速器装配体）可增加图形，图形间仍应满足投影规律。具体绘制时可将部件假想成透明体，既画出外形轮廓，又画出外部与内部零件的装配关系。

③ 装配示意图中相邻两零件的接触面之间最好留出空隙以区分零件，如图 7-12 中轴承盖 4 与上轴瓦 3、轴承座 1 与下轴瓦 2 的绘制。

④ 装配示意图中的零件应按拆卸顺序编号，并注明名称、数量、材料等，如图 7-12 中的轴承座 1。不同位置的同一种零件共用一个编号，如图 7-12 中的螺柱组。

⑤ 由于标准件不必画出零件（草）图，因此只要测得几个重要尺寸并从相应标准中查出规定标记，再将标准件的名称、数量、规定标记注写在装配示意图的明细栏上即可。如图 7-12 中螺母 7 就可通过其厚度约 6.8mm 查附表 2 确定标准尺寸及标记。

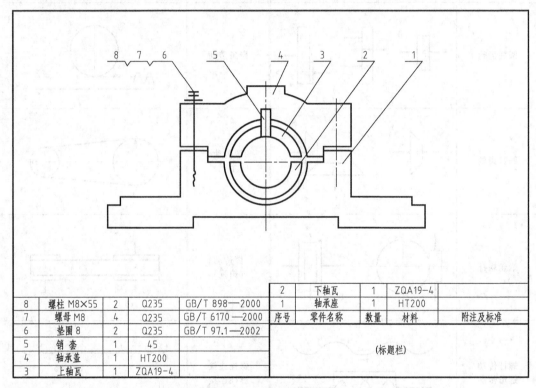

8	螺柱 M8×55	2	Q235	GB/T 898—2000
7	螺母 M8	4	Q235	GB/T 6170—2000
6	垫圈 8	2	Q235	GB/T 97.1—2002
5	销套	1	45	
4	轴承盖	1	HT200	
3	上轴瓦	1	ZQA19-4	

2	下轴瓦	1	ZQA19-4	
1	轴承座	1	HT200	
序号	零件名称	数量	材料	附注及标准
		（标题栏）		

图 7-12　滑动轴承装配示意图

（4）绘制零件（草）图

滑动轴承中所有的非标零件均要绘制零件草图，可参照项目 6 中轴承座的测绘以及草图的绘制方法画出滑动轴承中所有非标零件的零件草图和零件图，此处不再赘述。

另外，在滑动轴承装配图的绘制过程中必须掌握螺纹紧固件（如螺柱连接）的规定画法。

7.2.2　螺纹紧固件的规定画法

螺纹紧固件的规定画法详见 GB/T 4459.1—2003。

螺纹紧固件连接是工程中应用最为广泛的可拆连接。螺纹紧固件一般属于标准件，可根据需要在有关标准中查找其具体尺寸，无需绘制零件图，只要按照国标规定进行标记，但在装配图中经常用到螺纹紧固件的连接画法。

　　螺纹紧固件由螺栓、螺柱、螺钉、螺母、垫圈等标准件组成，其标记由标准件名称、国标号、螺纹代号、大径、公称长度组成，如螺钉的标记：螺钉 GB/T 68—2000　M10×45。

（1）紧固件的比例画法

　　一般采用比例画法绘制螺纹紧固件中的螺栓、螺柱、螺钉、螺母和垫圈。比例画法就是以螺纹的公称直径（大径）d 作为基本参数，紧固件的各部分结构尺寸均按与公称直径成一定的比例关系绘制，如图 7-13 所示。

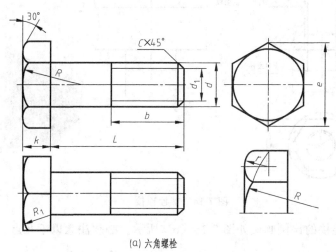

(a) 六角螺栓

d、L 根据要求确定，$d_1=0.85d$，$b=2d$，$e=2d$，$R_1=d$，$k=0.7d$，$E=0.15d$

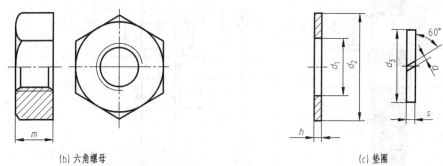

(b) 六角螺母

D 根据要求确定，$m=0.8d$，其它尺寸与螺栓头部相同

(c) 垫圈

$d_1=1.1d$，$d_2=2.2d$，$d_3=1.5d$，$h=0.15d$，$s=0.25d$，$n=0.12d$

图 7-13　螺纹紧固件的比例画法

（2）螺栓连接

　　螺栓通常与垫圈、螺母配合，连接两个不太厚、并能钻成通孔（通孔直径应稍大于螺栓直径，比例值取 1.1 d）的零件。螺栓连接的比例画法如图 7-14 所示。必须注意以下几点。

　　① 相邻两零件的接触表面只画一条粗实线，非接触表面画两条线。

　　② 相邻两零件的剖面线方向相反，螺纹终止线必须画在垫圈之下。

　　③ 剖切平面通过螺栓轴线时，螺栓、螺母、垫圈等均按不剖绘制。

　　④ 螺栓长度 $L \geqslant \delta_1 + \delta_2 + 0.15d + 0.8d + 0.3d$。根据此式的估算值，从附表 2 中选取与估算值相近的标准长度作为螺栓的 L 值（注：0.3d 为螺栓工作部分的保险长度）

　　⑤ 为提高绘图效率，绘制时可省略螺栓、螺母的圆角投影或倒角，如图 7-14 所示。

（3）螺柱连接

　　当两个被连接件中有一个很厚、不宜采用螺栓连接时，常用图 7-15（a）所示的双头螺

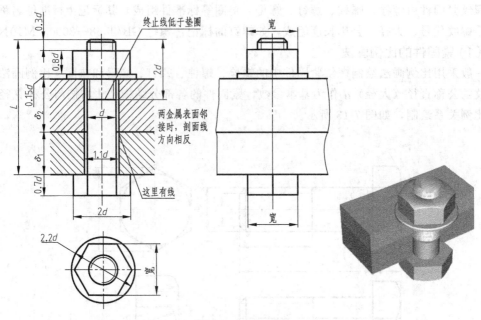

图 7-14 螺栓连接

柱进行连接。螺柱连接的比例画法如图 7-15（b）所示。必须注意以下几点。

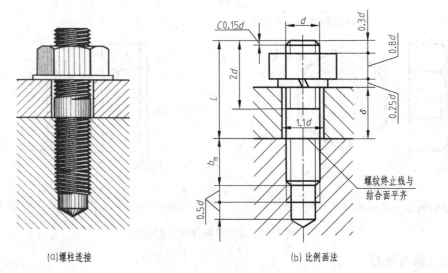

(a)螺柱连接　　　　　　(b) 比例画法

图 7-15 双头螺柱连接

① 旋入端的螺纹终止线应与结合面平齐，表示旋入端已经拧紧。

② 旋入端的长度 b_m 必须根据被旋入件（被连接件）的材料确定：

钢 $b_m = 1d$；铸铁或铜 $b_m = (1.25 \sim 1.5) d$；铝合金等轻金属 $b_m = 2d$。

③ 螺柱的公称长度 $L \geqslant \delta + 0.25d + 0.8d + 0.3d$，再根据有关标准选取标准长度（弹簧垫圈厚度为 $0.25d$，平垫圈厚度为 $0.15d$，$0.3d$ 为螺柱旋紧端的保险长度）。

（4）螺钉连接

螺钉连接一般用于受力不大又不需要经常拆卸的场合，如图 7-16（a）所示。螺钉连接的比例画法如图 7-16（b）所示。

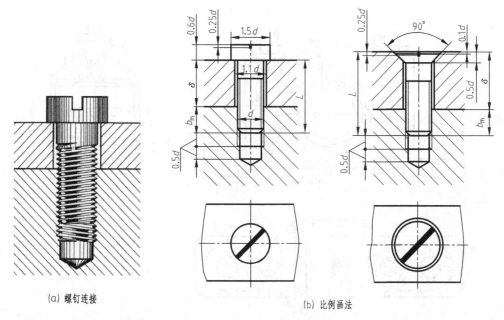

（a）螺钉连接　　　　　　　　　　（b）比例画法

图 7-16　螺钉连接

用比例画法绘制螺钉连接时，其旋入端与盲孔螺纹的连接方式相同，被连接板的孔部画法与螺栓相同，其孔径取 $1.1d$。螺钉的有效长度 $L=\delta+b_m$（b_m 为旋入端长度，同螺柱）并取标准值。必须注意的是，螺钉的螺纹终止线应画在两被连接零件结合面的上方，螺钉头部的凹槽在俯视图中的投影应与水平方向成 45°角。

7.2.3 滑动轴承装配图的绘制步骤

根据滑动轴承装配示意图和零件草图拼画装配图，其绘图步骤与零件图基本相同。

（1）确定表达方案

① 选择主视图　画装配图时，一般均按工作位置放置部件，主视图经常采用剖视的方法表达部件的工作原理、主要零件的结构特征以及零件之间的主要装配关系。

分析：滑动轴承的主视图采用半剖视图，既表达了滑动轴承的正面外形，又表达了零件之间的装配关系、相互位置以及零件的结构特征，如图 7-17 所示。

② 选择其它视图　其它视图的选择以进一步准确、完整、简便地表达各零件之间的结构形状以及装配关系为原则，一般采用沿结合面剖切的方法，必要时可采用拆卸画法。

分析：为表达滑动轴承的顶部外形特征以及轴瓦与座孔的装配情况，需选择沿轴承座与轴承盖结合面半剖的俯视图表达。为表达滑动轴承的工作原理以及轴瓦与轴承座、盖半圆柱孔的装配关系，需选择全剖的左视图表达，如图 7-17 所示。

（2）选比例、定图幅、布置视图

按照滑动轴承的复杂程度和表达方案，选取合适的绘图比例和图纸幅面。布图时要留出足够的标注或书写尺寸、序号、明细栏、技术要求的位置，如图 7-18 所示。

（3）按照装配关系绘制零件的投影

根据滑动轴承的装配主线由下往上（也可由里向外）逐个画出零件的投影。绘图时一般先从主视图开始绘制，兼顾其它视图的投影关系，如图 7-19～图 7-23 所示。

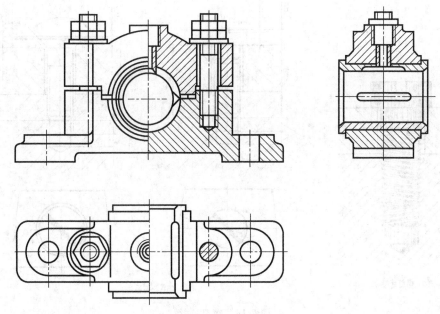

图 7-17　滑动轴承的视图表达

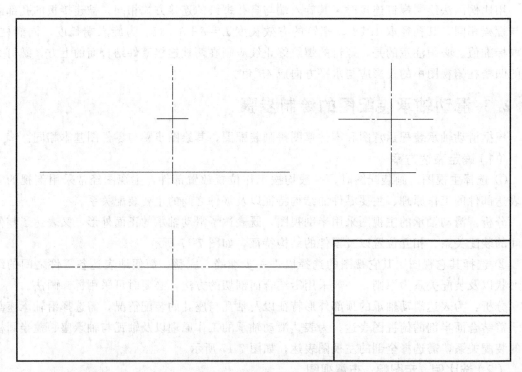

图 7-18　选比例、定图幅、布置视图

① 绘图时先画主要零件，后画次要零件；先画大体轮廓，后画局部细节。如图 7-19 所示，轴承座的安装孔、螺柱孔在三个视图中均可暂时不画。

② 绘图时只画可见轮廓，零件中被遮盖的部分、剖切掉的外形结构等不必画出。如图 6-19 所示的左视图，轴承座座孔的端面以及上部的侧面外形均无需表达。

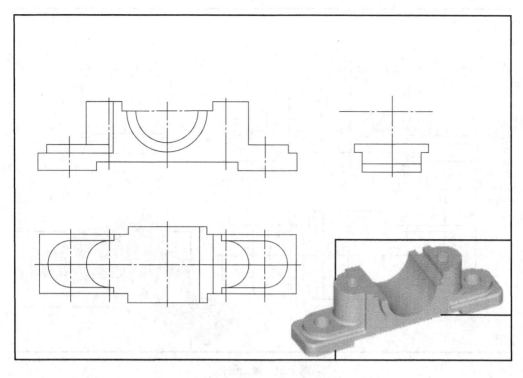

图 7-19　画基础零件——轴承座

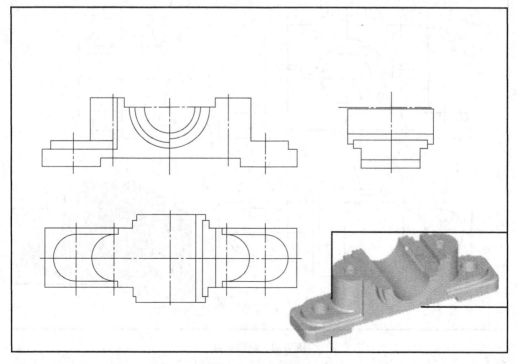

图 7-20　画下轴瓦

③ 轴承座的前、后端面（可视为轴）将与下轴瓦的轴肩（可视为孔）产生基孔制的间隙配合（42H9/f9），因此只能画一条轮廓线，如图 7-20 中的左视图所示。

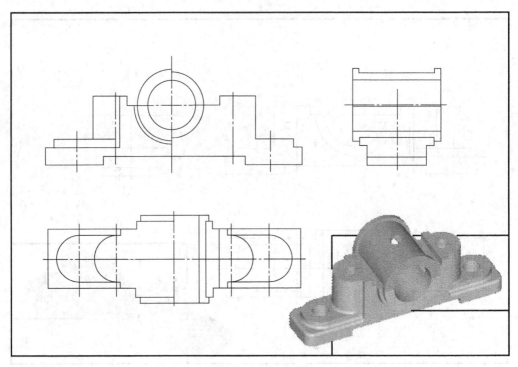

图 7-21　画上轴瓦

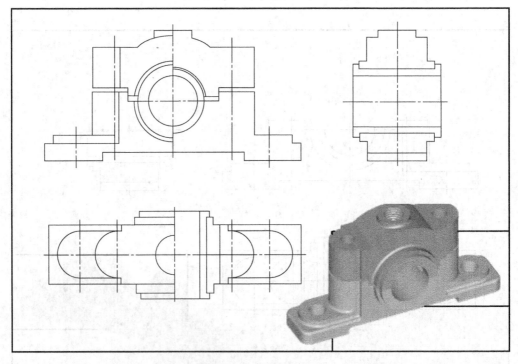

图 7-22　画轴承盖

④ 绘制上轴瓦时只需画出外形轮廓即可，上部油孔可暂时不画，如图 7-21 所示。

⑤ 为保证滑动轴承的主体部分——ϕ25 H8 轴承孔的连接精度，轴承座与轴承盖定位止口两侧的水平面为非接触表面，必须画两条轮廓线，但定位止口的两个侧面为轴承座与轴承

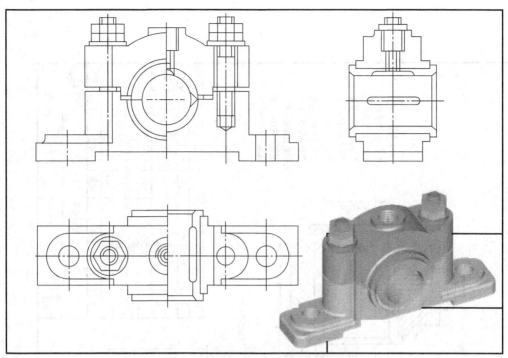

图 7-23　画销套以及局部细节，螺柱连接

盖的配合表面（52H9/f9），因此只画一条轮廓线，如图 7-22 中的主视图所示。

⑥ 螺柱连接（双螺母防松）可采用比例画法＋简化画法，如图 7-23 中的主视图所示。

（4）检查、描深全图，画剖面线

检查、补漏、修改全图，按国标规定描深图线并画剖面线，如图 7-24 所示。

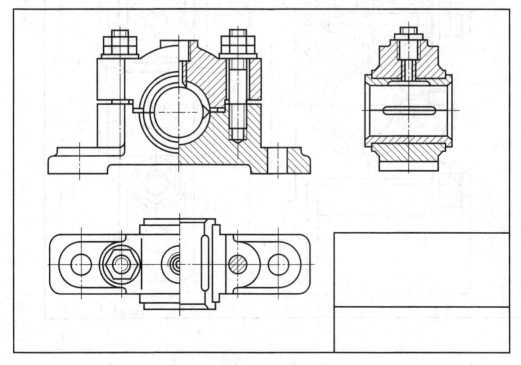

图 7-24　检查、描深全图，画剖面线

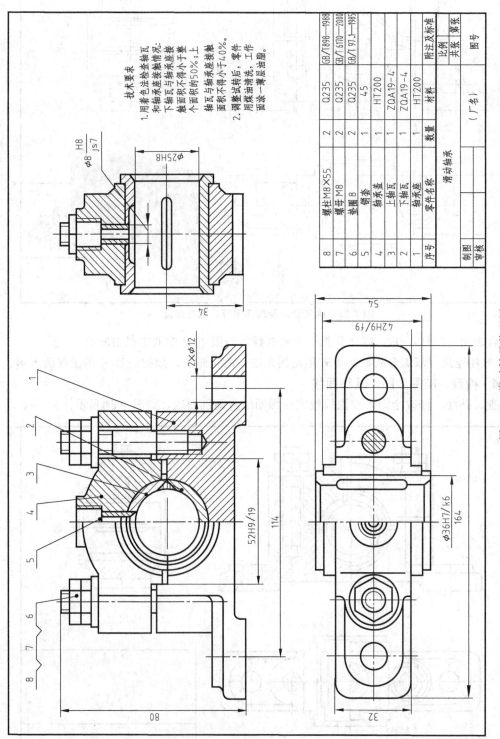

图 7-25 滑动轴承装配图

技术要求

1. 用着色法检查轴瓦和轴承座接触情况:下轴瓦与轴承座接触面积不得小于整个面积的50%;上轴瓦与轴接触面积不得小于40%。
2. 调整试转后,零件用煤油清洗,工作面涂一薄层油脂。

8	螺柱M8×55	2	Q235	GB/T898—1988
7	螺母 M8	2	Q235	GB/T6170—2000
6	垫圈 8	2	Q235	GB/T97.1—1985
5	销套	1	45	
4	上轴盖	1	HT200	
3	上轴瓦	1	ZQA19-4	
2	下轴瓦	1	ZQA19-4	
1	下轴座	1	HT200	
序号	零件名称	数量	材料	附注及标准

滑动轴承

制图			比例	
审核			共张 第张	
		(厂名)	图号	

（5）标注尺寸、 技术要求、 序号、 填写明细栏、 标题栏，完成全图

标注规格尺寸（φ25 H8）以及其它必要的尺寸、文字说明技术要求，合理编写序号，填写明细栏、标题栏的各项内容（序号和明细栏应与装配示意图一致），如图 7-25 所示。

7.3 装配图的识读

识读装配图的目的就是根据装配图具体说明装配体的工作原理、装配关系、视图表达重点、尺寸和技术要求等方面的内容，以更好满足装配体装配、检验、使用等方面的要求。

7.3.1 识读方法和步骤

识读装配图的基本要求是：了解装配体的名称、用途、工作原理，确定装配体的视图表达方案和表达重点，分析零件之间的相对位置、装配关系、连接方式，明确各组成零件的结构特点、形状特征以及尺寸、技术要求的含义和作用。

现以图 7-26 所示的典型部件——齿轮泵为例，具体说明装配图的识读方法和步骤。

（1）工作原理

当主动轮逆时针方向转动时，带动从动轮顺时针方向转动，两轮啮合区右边的油被轮齿带走，压力降低形成负压，油池中的油在大气压力的作用下，沿吸油口（低压区）进入泵腔内。随着齿轮的转动，齿槽中的油不断沿箭头方向被带至左边的压油口，并由压油口（高压区）将油喷出，经管道送至机器或工件需要润滑的部位，如图 7-27 所示。

图 7-26 齿轮泵模型

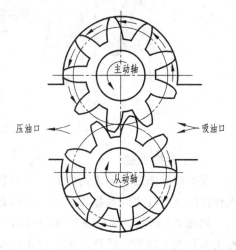

图 7-27 工作原理示意

（2）概括了解

根据装配图中的序号、明细栏、标题栏概括了解装配体的名称、用途以及各组成零件的名称、数量、材料等。若有必要，还可查看说明书和有关技术资料。

由图 7-1 装配图的序号、明细栏、标题栏可知，装配体为齿轮油泵，共由 15 种零件组成，其中的传动齿轮轴 3、齿轮轴 2、传动齿轮 11、泵体 6、左端盖 1、右端盖 7 是齿轮泵的重要零件，连接件是螺钉 15、螺母 13、垫圈 12、键 14，定位件是销 4，密封件是垫片 5 以及密封圈 8。齿轮泵是机械传动中的重要供油装置。

（3）装配关系

齿轮泵的主要装配关系是以传动齿轮轴 3 作为装配主线，轴上齿轮与另一个齿轮轴 2 上的从动齿轮构成外啮合传动。

第二个装配关系是左端盖 1、右端盖 7 与泵体 6 的连接。为防止油液的渗漏，端盖与泵体之间有密封垫片 5，两侧各用 2 个销 4 定位、6 个螺钉 15 连接。

第三个装配关系是右端盖 7 与压紧螺母 10 的螺纹连接。为防渗漏，传动齿轮轴与右端盖之间用密封圈 8 密封，压盖 9、压盖螺母 10 旋紧。

第四个装配关系是传动齿轮轴 3 与传动齿轮 11 的键 14 连接，并用弹簧垫圈 12、螺母 13 螺纹连接同时起防松作用，以防止传动齿轮的轴向位移。

齿轮泵中各组成零件的名称、结构、相互位置如图 7-28 所示，具体的装配过程是：泵体 6→齿轮轴 2→传动齿轮轴 3→垫片 5→左端盖 1（右端盖 7）→ 销 4→螺钉 15→ 密封圈 8→压盖 9→压盖螺母 10→键 14→传动齿轮 11→垫圈 12→螺母 13。

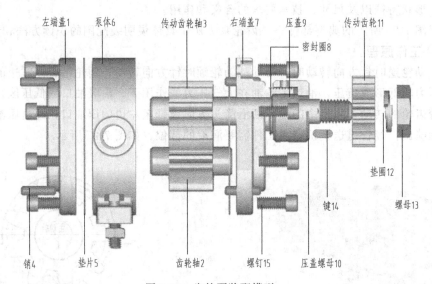

图 7-28　齿轮泵装配模型

（4）分析视图

根据装配图的视图表达方案，了解装配体的工作原理、主要装配关系、视图的具体表达和作用以及零件之间的相对位置、连接方式。

如图 7-1 所示，齿轮泵主视图采用 A—A 全剖视图（旋转剖），主要反映零件之间的装配关系和相互位置，采用局部剖视表达齿轮与泵体的配合关系以及齿轮的啮合关系。

齿轮泵的前后结构对称，所以左视图采用沿左端盖与泵体结合面剖切的半剖视图表达其工作原理、连接泵盖和泵体的螺（销）钉分布情况以及端盖和泵体的内外结构，并采用局部剖视表达吸（压）油口以及安装孔的内部结构，同时便于标注尺寸。

（5）分析尺寸和技术要求

齿轮泵的规格尺寸是进、出油口的管螺纹尺寸 G3/8。主、从齿轮轴与左、右端盖轴承孔的配合尺寸是 $\phi16$ H7/f6（保证齿轮轴的回转精度），泵体内腔的半圆柱孔与齿轮的配合尺寸是 $\phi34.5$ H7/f6（搅油时与齿顶保持较小间隙以最大限度地压出油液），均为基孔制的间隙配合。传动齿轮与传动齿轮轴的配合尺寸是 $\phi14$H7/s6，采用单键连接以更好地周向固定。安装尺寸是 $2 \times \phi 7$、70，外形尺寸是 118、85、95，其它重要尺寸是 50、65、28.76 ±0.02。

齿轮泵的技术要求主要体现在有关零件的配合要求以及使用与检验方面的具体规定。

（6）综合归纳

齿轮泵共由 15 种零件组成，其中的螺钉、螺母、垫圈、销、键是标准件，齿轮轴、传动齿轮轴、传动齿轮是常用件，其它为专用件。齿轮泵依靠齿轮传动传递油液，是机器中的重要供油装置，其工作原理、装配关系以及重要零件的结构特征、相互位置、与其它装置的联系等通过全剖主视图和半剖左视图予以表达。

为保证齿轮泵的工作精度和使用要求，相关传动件均有一定的极限与配合要求，其中的 $\phi 16$ H7/f6、$\phi 34.5$ H7/f6 是装配中的重要配合尺寸，而规格尺寸 G3/8 直接反映了齿轮泵的流量大小，是设计和选用产品的主要依据。一般情况下，装配图无表面结构要求。

*7.3.2 根据装配图拆画零件图

在工程设计中，经常需要由装配图拆画非标零件的零件图，这个过程简称拆图。拆图应在全面读懂装配图、并有一定实践经验的基础上进行。

（1）分离零件

首先根据方向、间隔相同的剖面线将右端盖 7 从图 7-1 齿轮油泵装配图中分离出来，如图 7-29（a）所示。然后根据有关结构和尺寸想象整体形状，如图 7-29（b）所示。

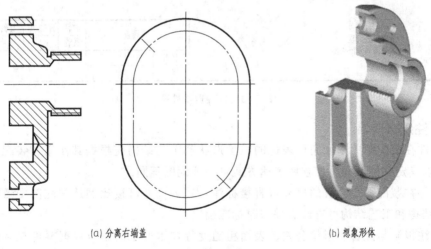

(a) 分离右端盖   (b) 想象形体

图 7-29 拆画右端盖

（2）视图表达

根据盘盖类典型零件的表达特点，主视图采用全剖视图（旋转剖）反映右端盖的内部结构以及销孔、安装孔的形状，采用 B 向视图表达右侧外形以及销孔、安装孔的位置。

向视图：不按投影配置的基本视图。向视图必须标注投影箭头和视图名称（图 7-30）。

（3）尺寸标注

装配图中与右端盖有关的尺寸（$\phi 16$ H7、28.76±0.02）可直接标注，其余尺寸可按比例从装配图中直接量取并圆整，标准结构（M27×1.5）和工艺结构的有关尺寸可查表确定。

（4）技术要求

根据一定的实践经验以及右端盖在装配体中的具体作用，参考同类产品的有关资料，标注或书写极限与配合、形位公差、表面粗糙度等技术要求。然后检查、核对图样，填写标题栏。零件的名称、材料、数量可从装配图中读取。

根据齿轮泵装配图拆画后的右端盖零件图如图 7-30 所示。

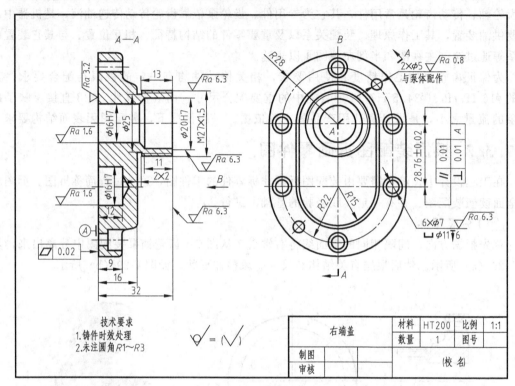

图 7-30　右端盖零件图

（5）注意事项

① 零件在装配图中未能完全表达的结构形状和工艺结构应根据其作用、装配关系和工艺要求予以确定并绘制完整，视图表达方案可与装配图不同。

② 零件在装配图中已有的尺寸可直接标注，其余尺寸可按比例从装配图中量取并取整数，标准结构和工艺结构可查阅有关国家标准确定。

③ 标注极限与配合、形位公差、表面粗糙度等技术要求时，应根据零件在装配体中的作用、位置、装配关系等确定，并可参考同类产品的有关资料。

7.3.3 典型传动装置

现以图 7-31 所示的典型传动装置为例，具体说明各组成零件的属性、应用、连接方法以及装配过程，简单介绍标准滚动轴承的规定画法和标记。

（1）零件属性

零件是加工的最小单元，是机器或部件的基本组成部分，其作用是容纳、支承、配合以及传动、连接、密封、防松等。为了加工和安装方便，根据性质的不同，零件通常可分为标准件、常用件、专用件。常用标准件与常用件如图 7-32 所示。

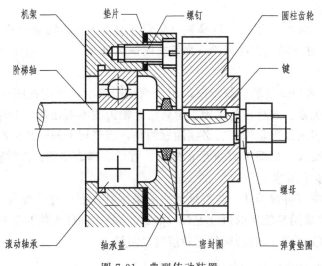

图 7-31　典型传动装置

图 7-32　常用标准件与常用件

当零件的材料、结构、规格尺寸等所有参数均已标准化，即为标准件，如图 7-31 所示的键、弹簧垫圈、滚动轴承、螺钉。当零件的模数、齿形角（又称压力角）、簧丝直径等部分参数标准化，即为常用件，如图 7-31 所示的圆柱齿轮。当零件只能在特定的机器或部件中使用，即为专用件，如图 7-31 所示的轴承盖、阶梯轴、机架等。

（2）零件分析

螺钉的作用是连接轴承盖和机架，其与螺栓的主要区别在于头部的形状。螺钉的头部为圆形，内有矩形槽、十字槽等，而标准螺栓的头部为正六棱柱，并无内槽。

滚动轴承的作用是支承作回转运动的轴（阶梯轴）以及轴上零件（圆柱齿轮）。

键的作用是周向固定圆柱齿轮，而齿轮的轴向固定是通过轴肩和螺母（螺纹连接），弹簧垫圈可起到防松的作用。齿轮的作用是通过啮合传动传递运动（转动）和动力（转矩）。

阶梯轴的作用是安装圆柱齿轮并使其同步转动。阶梯轴的径向尺寸不等，形如阶梯，居中（或某端）的径向尺寸最大，逐渐向两端（或另一端）过渡，因此在同等载荷下抗弯强度高，便于加工和装配，自然形成的轴肩便于零件的轴向定位。

轴承盖的作用是与滚动轴承的外圈接触从而将其轴向固定，并通过垫片微调两者的位置从而保证接触性能良好。为防止杂质、水汽进入轴承内部，采用密封圈密封。

机架的作用是安装滚动轴承（孔肩轴向固定，过渡配合周向固定）和轴承盖（螺钉连接）。

（3）装配关系

典型传动装置的装配过程是：阶梯轴（装配主线）→滚动轴承→机架→垫片→轴承盖（内衬密封圈）→螺钉→键→圆柱齿轮→弹簧垫圈→螺母。

（4）视图表达

图 7-31 所示的典型传动装置装配图采用全剖视图表示，局剖视图补充表达阶梯轴、圆柱齿轮与键的连接关系。圆柱齿轮采用规定画法，轮齿按不剖处理。螺钉采用比例画法，对称位置用细点画线表示以简化作图。必须注意的是，当剖切平面通过标准件、实心件的纵向对称平面时不画剖面线，如图 7-31 所示的螺钉、螺母、弹簧垫圈、阶梯轴的绘制。

（5）尺寸和技术要求

滚动轴承的内圈（可视为孔）与阶梯轴一般采用基孔制的过渡配合（如 H7/k6），外圈（可视为轴）与机架采用基轴制的过渡配合（如 K7/h6）。圆柱齿轮与阶梯轴应有一定的位置公差要求（如 ⊥ 或 ◎），装配后的圆柱齿轮应转动灵活。

7.3.4 滚动轴承的画法和标记

滚动轴承的画法和标记详见 GB/T 4459.7—2003、GB/T 272—1995。

滚动轴承的主要作用是支承作回转运动的轴和轴上零件，其特点是结构紧凑，摩擦阻力小，回转精度高，能在较大的载荷、较高的转速下工作，在工程中的应用十分广泛。

（1）滚动轴承的结构

滚动轴承的结构由外圈、内圈、滚动体、保持架四部分组成。外圈装在机体或轴承座内，一般固定不动。内圈装在轴上，与轴紧密配合且随轴转动。滚动体装在内、外圈之间的滚道中，主要有滚珠、滚柱、滚锥等类型。保持架可均匀分隔滚动体，防止滚动体之间相互摩擦与碰撞，使滚动体的受力均匀，如图 7-33（a）所示。

滚动轴承的常用材料是轴承钢，如 GCr9、GCr15，但保持架一般采用低碳钢，如 20。

（2）滚动轴承的画法

① 通用画法　当不需要确切表达滚动轴承的外形轮廓、载荷特性、结构特征时，可用粗实线绘制矩形线框和十字符号，两者之间应有均匀间隔，如图 7-33（b）所示。

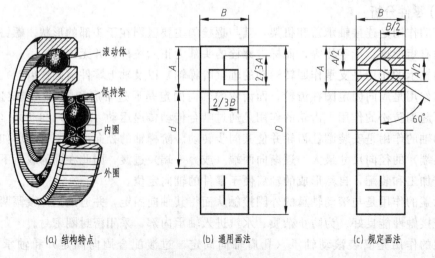

(a) 结构特点　　　　　(b) 通用画法　　　　　(c) 规定画法

图 7-33　滚动轴承的结构与画法

② 剖视画法 为真实反映滚动轴承的内部结构，可采用剖视画法（常用）。内、外圈的剖面线相同，滚动体不画剖面线，倒角和保持架省略不画，如图 7-33（c）所示。

（3）滚动轴承的标记

滚动轴承的标记一般刻印在外圈的端面上，主要用基本代号表示滚动轴承的类型、结构和尺寸。基本代号的排列顺序如下：

$$\boxed{类型代号} \quad \boxed{尺寸系列代号} \quad \boxed{内径代号}$$

① 类型代号 滚动轴承的类型代号由阿拉伯数字或大写拉丁字母组成，如表 7-3 所示。其中常用的是深沟球轴承"6"、推力球轴承"5"以及圆锥滚子轴承"3"，如图 7-34 所示。

② 尺寸系列代号 尺寸系列代号由宽度系列（0～8）和直径系列（1～9）组成，用两位数字（如 02、12）表示，主要作用是区别内径相同而宽度和外径不同的滚动轴承，具体数值可查阅附表 5。

③ 内径代号 表示轴承的公称内径 d，分为微型轴承和普通轴承两种表达方法。

表 7-3 滚动轴承类型代号（GB/T 272—1995）

代号	轴 承 类 型	代号	轴 承 类 型
0	双列角接触球轴承	6	深沟球轴承
1	调心球轴承	7	角接触球轴承
2	调心滚子轴承和推力调心滚子轴承	8	推力圆柱滚子轴承
3	圆锥滚子轴承	N	圆柱滚子轴承（双列或多列用字母 NN 表示）
4	双列深沟球轴承	U	外球面球轴承
5	推力球轴承	QJ	四点接触球轴承

(a)深沟球轴承   (b)推力球轴承   (c)圆锥滚子轴承

图 7-34 常用滚动轴承类型

微型轴承（$d<10$mm）：内径代号用一位数字表达，该数字即为内径值，标注时用"/"将其和类型代号、尺寸系列代号隔开。如"628/5"，其公称内径 $d=5$mm。

普通轴承（$d \geqslant 10$mm）：内径代号用两位数字表达。

当 10mm$\leqslant d < 20$mm，内径代号 00、01、02、03 分别表示轴承的公称内径 $d=10$mm、12mm、15mm、17mm；

当 $d \geqslant 20$mm，公称内径 $d=$内径代号$\times 5$。如"6204"，$d=4\times5=20$mm。

⚡ 注意

当内径代号为 22、28、32 时，该数字即为内径值。如"6228"，$d=28$mm。

例如 6208：左起第一位数字"6"表示轴承的类型代号，为深沟球轴承；左起第二位数字"2"表示尺寸系列代号"02"，宽度系列代号"0"表示正常宽度，可省略，直径系列代号为"2"；左起第三、四位数字"08"表示内径代号，公称内径 $d=8\times5=40$mm。

又如 N2110：左起第一位大写字母"N"表示轴承的类型代号，为圆柱滚子轴承；左起第二、三位数字"21"表示尺寸系列代号，宽度系列代号为"2"，直径系列代号为"1"；左起第四、五位数字"10"表示内径代号，公称内径 $d=10\times5=50$mm。

知识点梳理和回顾

装配图由一组视图、必要的尺寸和技术要求以及零件序号、明细栏、标题栏组成，它是表达机器或部件工作原理以及零、部件装配关系的重要工程图样，是制定装配工艺规程、进行装配和检验的重要技术依据，是工程设计和生产中的重要技术文件。另外，产品使用和维护时同样需要装配图了解其工作原理和具体构造。

一、知识准备

1. 零件属性

零件的材料、结构、规格尺寸等所有参数均已标准化即为标准件（如螺栓），模数、齿形角等部分参数标准化即为常用件（如齿轮），只能在特定的机器或部件中使用的零件即为专用件（如轴承盖）。标准件一般不画零件图，但在装配图中必须掌握其规定画法。

2. 螺纹紧固件

螺纹紧固件由螺栓、螺柱、螺钉、螺母、垫圈等标准件组成，是工程中应用最广的可拆连接，具体可分为螺栓连接、螺柱连接、螺钉连接。

螺栓通常与垫圈、螺母配合，连接两个不太厚的、能钻成通孔的零件。当两个被连接件中有一个很厚、不宜采用螺栓连接时，常用双头螺柱进行连接。螺钉连接一般用于轴向受力不大、结构比较紧凑的场合。螺纹紧固件常采用比例画法结合简化画法，即标准件中各部分的投影采用规定比例（以大径 d 为基本参数）绘制，省略其中的圆弧和倒角圆投影。

3. 滚动轴承

滚动轴承的主要作用是支承作回转运动的轴和轴上零件，其结构由外圈、内圈、滚动体和保持架四部分组成，通常情况下外圈与机架为基轴制的过渡配合，内圈与轴颈为基孔制的过渡配合，常用材料是轴承钢，应用最广的是深沟球轴承。

滚动轴承的标记主要由类型代号、尺寸系列代号和内径代号组成，如"6208"。标记一般刻印在轴承端面上以便正确选用。滚动轴承的绘制采用剖视画法结合通用画法。

通用画法：用粗实线绘制矩形线框和规定长度的十字符号，两者之间应有均匀间隔。

4. 装配体的工艺结构

为保证零件的接触或配合性能良好，相邻两个零件在同一方向上只能有一个接触面或配合面。与孔配合的轴上应加工出退刀槽以保证孔端面和轴肩的完全接触。装配体应便于装配和拆卸并采用必要的密封（如橡胶垫）和防松（如双螺母）装置。

5. 装配图的规定画法

规定画法是指零件的配合面或接触面只画一条线，非配合面或接触面不论间隙大小一定要画两条线。如键的两侧面和底面与键槽之间只能画一条线，键顶与槽顶必须画两条线。

相邻零件的剖面线方向应尽可能相反,纵向剖切标准件或实心零件时不画剖面线。另外还有简化画法、假想画法、单独画法、拆卸画法四种特殊画法。

简化画法:在装配图中,若干相同的零件组可完整画出一组,其余用点画线表示其位置。

假想画法:在装配图中,当需要表达某些零、部件的运动范围、极限位置或与未画出部分的位置关系时,可用双点画线画出相邻零、部件的部分轮廓。

单独画法:在装配图中,当某个重要零件的主要结构在其它视图中未能表达清楚,可单独画出该零件的某一视图,并在所画视图的上方注明该零件以及视图的名称。

拆卸画法:在装配图中,当某些零件遮住了所需表达的零件时,可假想沿某些零件的结合面剖切或拆卸某些零件后绘制,并注写"拆去零件××"。

6. 装配图的尺寸、技术要求、序号、明细栏

装配图中必须标注规格尺寸、装配尺寸、安装尺寸、外形尺寸以及其它重要尺寸,并有必要的极限与配合、位置公差以及使用、检验等方面的具体要求。由于装配体一般不涉及加工问题,因此很少有形状公差和表面粗糙度等方面的要求。

序号应按顺时针或逆时针、横平竖直有序排列,并与明细栏中的零件序号相对应。明细栏主要填写零件的序号、名称、数量、材料以及规格等内容并由下往上书写。

7. 部件测绘

对已有部件进行拆卸并测绘所有零件,画出装配图和零件图的过程称为部件测绘。部件测绘常用于维修或仿制加工。

测绘开始前,首先要对装配体进行结构分析,必要时查阅有关技术资料,了解装配体的具体用途、工作原理、结构特点以及各个零件之间的装配关系。

了解、分析装配体后,可按照主要装配关系依次拆卸各个零件。通过分析零件的作用和结构,进一步了解各个零件之间的装配关系,确定配合性质或连接类型。

拆卸过程一般为装配过程的逆过程。为避免零件的丢失与混淆,拆卸时可对零件进行编号并妥善放置,同时应注意区分标准件与非标准件,并做好相应的记录。标准件只要在测量特征尺寸后查阅标准、核对并写出规定标记即可,不必画零件(草)图。

常用标准件规定标记如下。

普通平键:由标准件名称、国标号、型式代号、宽度、长度组成,A 型普通平键的型式代号可省略标注,如"键 GB/T 1096—2003 18×100"。

螺纹紧固件:由标准件名称、国标号、螺纹代号、大径、公称长度组成,如螺钉的标记"螺钉 GB/T 68—2000 M10×45"。

滚动轴承:由前置代号、基本代号、后置代号组成,主要标记为基本代号。基本代号由滚动轴承的类型代号、尺寸系列代号和内径代号组成,如"6208"。"6"表示类型代号;"02"表示尺寸系列代号,其中的正常宽度"0"可以省略,"2"表示直径系列,可查表确定;"08"表示内径代号,公称内径值 d 一般是内径代号×5。

测绘常用件标准直齿圆柱外齿轮时,必须确定标准模数、计算齿轮的主要径向尺寸。

标准模数:1、1.25、1.5、2、2.5、3、4、5、6、8、10、12、16、20、25、32、40、50(mm)。

齿顶圆直径 $d_a = m(z+2)$,分度圆直径 $d = mz$,齿根圆直径 $d_f = m(z-2.5)$。

拆卸部件时必须注意以下方面。

拆卸前仔细分析装配体的装配关系、连接方式、拆卸顺序。拆卸时采用合理、可靠的拆卸工具，如扳手、虎钳、钳工锤、螺丝刀、冲子等。原则上不拆焊接、铆接、过盈配合等不可拆连接，标准部件不能拆卸。必要时对拆下的零件进行编号，标准件列出细目。

部件拆卸、分析、记录完毕后就可绘制装配示意图。装配示意图是用简单的线条和规定的符号表达装配体中各零件的相互位置、装配关系、拆卸顺序的示意性图样，是重新装配部件和画装配图的主要依据，因此装配示意图在部件测绘中具有重要的地位。

一般情况下装配体中所有的非标零件均要绘制零件草图，具体绘制方法和步骤可参照项目6中零件测绘的方法进行，此处不再赘述。

二、装配图的绘制

绘制装配图时，首先必须了解、分析装配体的工作原理、零件的装配关系、拆装顺序以及结构特点、属性、作用，然后进行装配体测绘，即部件测绘，最后按照装配示意图画出装配图（必要时可先画装配草图），按照零件草图画出零件图。

装配图中主视图的选择可依据工作位置原则确定，通常表达装配体的具体用途、工作原理以及主要零件的结构特点和装配关系，其它视图经常采用沿结合面剖切的方法或拆卸画法补充表达主视图尚未反映清楚的装配结构以及装配体的安装方法和位置。绘制装配图必须综合运用各种常规表达方法，尤其应注意规定画法、特殊画法的灵活运用。

按照装配体的视图表达方案，选取合适的绘图比例和图纸幅面。布图时要留出足够的位置标注尺寸和技术要求、编写序号、书写明细栏中的各项内容。

根据装配主线由里向外或由下往上逐个画出零件的投影。绘图时，一般先从主视图开始绘制，兼顾其它视图的投影关系。然后检查、描深全图，画剖面线，注意相邻零件的剖面线方向应尽可能相反。最后标注尺寸、技术要求、序号，填写明细栏、标题栏，完成全图。

三、装配图的识读

通过序号、明细栏、标题栏概括了解装配体的名称、用途、每个零件的名称、数量、材料、用途、属性（标准件、常用件、专用件）等基本信息。

根据视图表达方案仔细分析装配体的形状特征、工作原理，零件之间的相对位置、装配关系、连接方式，进一步明确各组成零件的结构特点、具体作用。

根据重要尺寸以及技术要求确定装配体的外形尺寸、关键装配部位、重要零件的配合类型、基准制度、位置精度、使用、检验、工作范围等方面的要求。

根据以上分析，综合装配体的各项基本信息，将装配体的具体用途、工作原理、装配关系、零件之间的相互位置以及视图表达方案、尺寸和技术要求等予以归纳，从而对装配体有一个比较全面的了解和熟悉，为装配工作的顺利进行做好技术准备。

项目 8
减速器装配体的测绘

本项目将以单级直齿圆柱齿轮减速器为载体进行测绘训练，将知识学习完全融合在项目工作中，在行动中学习，在学习中行动，实现项目教学与职业标准的有效对接。

通过测绘，将进一步提高学生综合运用制图知识的能力，进一步强化学生发现问题、分析问题、解决问题的能力，进一步培养学生认真负责的工作态度、严谨细致的工作作风、齐心协力的工作精神，进一步增进学生和老师之间的了解和友谊。

8.1 减速器装配体的结构分析

8.1.1 测绘内容和步骤

（1）测绘目的

通过减速器测绘的具体实践，综合运用图样的识读与绘制方法中的基本知识和技能，培养学生发现、分析、解决工程问题的能力，掌握工程设计中测绘的基本方法和步骤。

（2）测绘内容

以单级标准直齿圆柱齿轮减速器（ZDY70 型）为测绘对象，熟悉并掌握装配体的基本组成、工作原理、装配关系，主要零件的具体用途、结构特点、拆装过程。

熟练运用各种量具和拆卸工具，测绘所有非标零件，画出零件草图，绘制减速器装配示意图、装配图、主要零件的零件图。

（3）测绘步骤

① 分析减速器的工作原理、装配关系以及零件的属性、作用、结构特征、相互位置。

② 拆装部件，绘制减速器装配示意图。

③ 测绘零件，绘制减速器零件草图。

④ 绘制减速器装配（草）图。

⑤ 绘制减速器主要零件（箱盖、箱体、齿轮轴、从动轴、从动齿轮）的零件图。

（4）工作态度

在测绘过程中，应重视测绘训练，爱护测绘对象，遵守测绘纪律，集思广益但有独立见解，团结互助却又坚持原则，严禁抄袭或代画，有条不紊地完成各项测绘任务。

8.1.2 工作原理和拆卸方法

（1）工作原理

减速器是原动机（如电机）和工作机（如卷扬机）之间独立的闭式传动装置，它通过一对（或数对）齿数不同的齿轮（或蜗杆、蜗轮）进行啮合传动，在高速旋转运动转为低速旋转运动的同时产生较大的转矩。减速器在工程实际中具有广泛的应用。

单级直齿圆柱齿轮减速器的工作原理是：主动齿轮（n_1、z_1）与从动齿轮（n_2、z_2）外啮合传动，在主动齿轮的带动下，从动齿轮传递运动（反向转动）和动力（转矩），达到减速、增矩的目的，如图 8-1 所示。

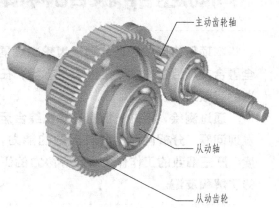

图 8-1　单级减速器的工作原理

$$传动比\quad i_{12}=\frac{n_1}{n_2}=(-)\frac{z_2}{z_1}$$

$$n_2=(-)\frac{n_1{}'z_1}{z_2}$$

则　　　$n_2 < n_1$　　（$z_1 < z_2$）

式中　n_1、n_2——主动轮、从动轮转速；

　　　z_1、z_2——主动轮、从动轮齿数。

由上述公式可知，从动轮（从动轴）转速小于主动轮（主动轴）转速，两轮转向相反，实现减速运动。

（2）拆卸方法

机器或部件的拆卸通常是按照由外到内、由上往下、由附件到主机的顺序进行。必须注意的是，在开始拆卸时就要考虑到再装配，即充分保证原设备的准确性和完整性。

① 先拆减速器箱盖，仔细分析其内部的传动结构、工作原理、装配关系。

② 后拆主动轴、从动轴上的全部零件，注意观察其拆装顺序、具体作用。

③ 再拆箱盖和箱体上的注油孔、放油孔、油面观察孔等附件，明确用途。

（3）注意事项

① 拆装过程中必须做到循序渐进、规范操作，不能损坏或丢失工具和零件。

② 一般情况下，尽量不拆装配体中配合零件的不可拆连接，以免损坏零件。

③ 零件应按拆卸顺序妥善放置、做好笔录（名称、数量、材料、国标号等）并对零件进行必要的编号、清洗，同时画出装配示意图。

8.1.3 结构分析

通过减速器的拆装练习可知，ZDY70 型单级减速器共由 35 种零件组成，其中标准件 15 种，以滚动轴承、螺栓、螺母、平键为主，常用件是齿轮轴和从动齿轮，其余为专用件，以从动轴、从动齿轮、箱盖和箱体为主。减速器的主要装配关系如图 8-2 所示。

（1）箱盖和箱体

箱盖和箱体采用剖分式可拆连接，由 2 个圆锥销定位、6 个螺栓组连接。箱盖 13 上的主要结构是视孔盖 9 和通气塞 11，分别采用螺钉 8 和螺纹轴与箱盖中的螺纹孔连接。视孔盖可观察减速器内齿轮的啮合情况、润滑状态，通气塞可排出减速器内由于工作气压增大而产生的胀气，保证减速器箱体内外压力均衡，提高密封性能。

箱体 1 上的主要结构是油标 4 和油塞 18，分别与箱体中的螺纹孔进行连接。油标可观察箱体内油液的高度（1～2 个齿高），油塞可排出废油（腔底左高右低约 3° 方便排油）。

（2）主动齿轮轴系

以主动齿轮轴 30 的轴线为公共轴线（装配主线），其上的小齿轮居中，由挡油环 33、滚动轴承 32、小调整垫圈 34、小闷盖 35、小通盖 29 装配而成。另外，位于小通盖内的小毡圈 31 可防止油液的渗漏和灰尘的进入，小调整垫圈可调整轴系的轴向间隙，挡油环可借助旋转时产生的离心力甩掉溅油，防止油液稀释滚动轴承的润滑脂。

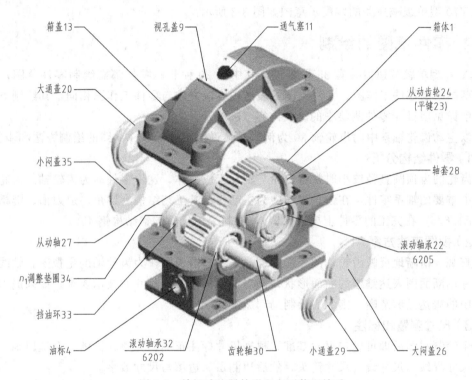

图 8-2　单级减速器外形和主要装配关系

（3）从动齿轮轴系

以从动轴 27 和从动齿轮 24 采用平键 23 连接后的轴线为公共轴线（装配主线）。齿轮和轴通过平键周向固定，通过轴肩、轴套和大闷盖 26 轴向固定。

装配时，从动齿轮居中，然后依次装配轴套 28、滚动轴承 22、大调整垫圈 25、大闷盖 26 和大通盖 20。位于大通盖内的大毡圈 21 和大调整垫圈的作用与主动齿轮轴系中的小毡圈和小调整垫圈相同。

8.2　装配示意图和零件草图

8.2.1　装配示意图的绘制

拆装、分析、明确了减速器的装配结构以及所有零件的具体用途和位置、装配路线后即可绘制装配示意图和非标零件的零件草图。

装配示意图是表达装配体中零件的具体名称、相互位置、装配关系、拆卸顺序的示意性图样，是重新装配部件和画装配图的重要依据。单级减速器装配示意图的具体画法和要求详见项目 7 部件测绘中的有关内容（7.2.1）。

必须注意的是，绘制装配示意图应和拆装减速器同步进行，同时根据相应的国家技术标准确定标准件的规格并予以记录，最后填入装配图的明细栏中。

减速器中的箱盖、箱体等专用件因型号不同而形状各异，因此在装配示意图中只需用粗实线反映其外形的大致轮廓特征即可。另外，由于减速器的结构比较复杂，零件较多，因此需画主、俯两个图形表达装配关系和零件位置，并保持对应的投影关系。

ZDY70 型单级减速器的装配示意图如图 8-3 所示。

8.2.2 零件草图的绘制

ZDY70 型单级减速器共有 35 种零件，其中的 20 种非标零件都需绘制零件草图，并根据零件草图绘制零件工作图。零件草图的表达内容应力求与零件工作图相同，其绘制方法和注意事项详见项目 6 零件测绘中的有关内容（6.2）。

现以主动齿轮轴系中的齿轮轴 30 为例，具体说明减速器零件草图的绘制方法和步骤。

（1）零件结构分析

当齿轮的齿顶圆直径较小时常将齿轮与轴加工成一体，这种零件即为齿轮轴。齿轮轴是减速器中重要的轴系零件，在齿轮传动中为主动件，其工艺结构有倒角、退刀槽、键槽、中心孔（B1.6/5，在完工的零件上要求保留），材料采用优质碳素结构钢 45。

（2）视图表达方案

为直观、清晰地反映齿轮轴的外形轮廓，采用基本视图作为齿轮轴的主视图，轴线水平放置，并用断面图表达键槽的断面形状，同时便于标注有关尺寸和技术要求。如果退刀槽在主视图中的表达足够清晰，则无需绘制局部放大图。

（3）尺寸测量和标注

徒手绘制视图后即可确定尺寸基准，根据尺寸标注正确、完整、清晰、合理原则一次标完全部尺寸界线、尺寸线、尺寸箭头，然后边测量、边填写尺寸数字。

轴向设计基准的选择是确定轴类零件基准的关键。影响齿轮轴轴向定位的两对 $\phi15j6$ 和 $\phi18$ 轴段的邻接端面均可作为轴向设计基准，现取位于中段的邻接端面为轴向设计的主要基准。另外，尺寸标注时还应注意其合理性，如键槽的铣削尺寸 5、22 与车削尺寸上、下分开标注以方便加工和测量，右侧轴颈的轴向定位尺寸 15 包含退刀槽轴向尺寸 2，既符合重要尺寸直接标注原则又符合加工顺序。

（4）技术要求

齿轮轴的极限与配合、形位公差、表面粗糙度等技术要求主要体现在键槽、轴颈、轮齿等标准结构上，同时也应注意基准面（包括辅助基准面，如右侧 $\phi15j6$ 和 $\phi18$ 轴段的邻接端面）、配合面的技术要求。齿轮轴需进行调质处理（淬火＋高温回火，220～250HBS）以提高表面硬度和心部韧性，其未注公差尺寸按公差等级 IT13 确定，未注倒角 C1。

齿轮轴键槽、轴颈、齿轮等标准结构的尺寸和技术要求的确定如下。

键槽：根据附表 4 和键槽所处轴段直径 $\phi13$ 确定其标准长度 $L=22$，宽度 $b=5N9$（采用正常连接），$d-t=10_{-0.1}^{\ 0}$（$t=3$，$d-t$ 的极限偏差应取负值以保证正常的键连接）。

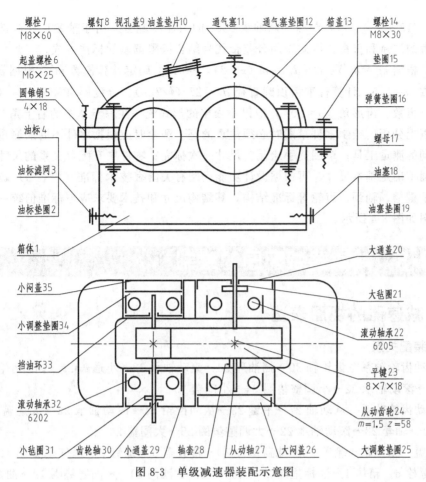

图 8-3　单级减速器装配示意图

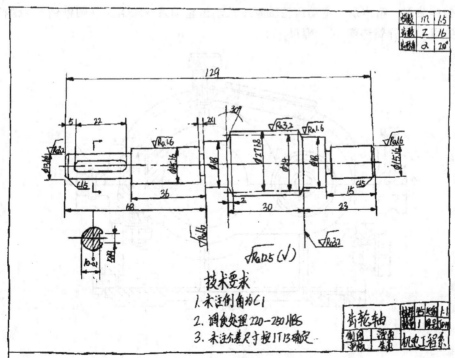

图 8-4　齿轮轴零件草图

轴颈：$\phi15j6$（$^{+0.009}_{-0.004}$），与深沟球轴承 6202 的内径 d 配套。由于轴颈尺寸非常重要，为引起加工者的注意和重视，因此采用公差带代号结合极限偏差的标注方式。

齿轮：根据 $m'=d_a'/z+2[d_a'=m'(z+2)，z=16]$ 确定计算模数 m'，根据表 4-1 换算成标准模数 $m=1.5$，计算标准齿顶圆直径 $d_a=27$（$\phi27h8$）、分度圆直径 $d=24$（$\phi24$）。齿轮的模数、齿数、齿形角（$\alpha=20°$）应以小表格的形式统一注写于草图的右上角。

综合以上分析，绘制零件草图时必须注意的是：测绘时应根据零件不同的测量位置和精度选用不同的测量工具；草图徒手绘制，尺寸一次标完；零件中有配合关系的尺寸可先根据实测尺寸圆整确定基本尺寸，再根据设计功能查阅有关国家技术标准（附表 9）确定公差带代号；对于键槽、轴颈、齿轮等标准结构，其结构尺寸和技术要求应与标准值统一。齿轮轴的零件草图如图 8-4 所示。

 ## 8.3　减速器装配图的绘制

8.3.1　减速器的视图表达

（1）装配关系

① 主动齿轮轴系　齿轮轴 30→挡油环 33→滚动轴承 32→小通盖 29（内含小毡圈 31）→挡油环 33→滚动轴承 32→小调整垫圈 34→小闷盖 35。

② 从动齿轮轴系　从动轴 27→平键 23→从动齿轮 24→滚动轴承 22→大通盖 20（内含大毡圈 21）→轴套 28→滚动轴承 22→大调整垫圈 25→大闷盖 26。

③ 箱盖、箱体系　箱盖 13→油盖垫片 10→视孔盖 9→螺钉 8→通气塞垫圈 12→通气塞 11→起盖螺栓 6。箱体 1→油标垫圈 2→油标 4（内含滤网 3）→ 油塞垫圈 19→油塞 18。

④ 整体装配　箱体系→主动齿轮轴系→从动齿轮轴系→箱盖系→圆锥销 5→螺栓 7→螺栓 14→垫圈 15→弹簧垫圈 16→螺母 17。

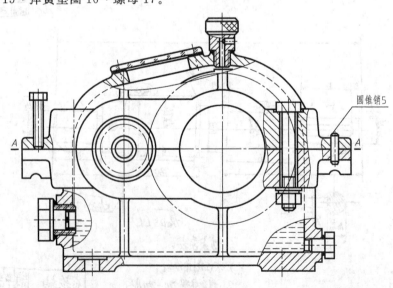

A—A

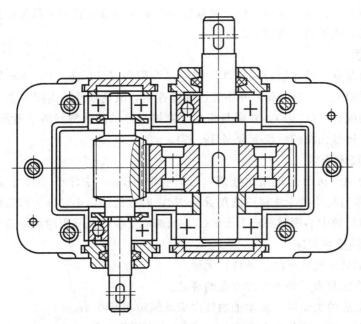

图 8-5　减速器的视图表达

（2）视图表达

如图 8-5 所示，主视图采用基本视图结合局部剖视表达减速器的正面外形以及螺栓连接、油标、油塞、视孔盖、通气塞、圆锥销的连接方法、工作位置、具体作用。

俯视图采用沿箱盖和箱体的剖分面剖切（必须标注）的方法表达减速器的工作原理、装配关系以及主要零件的工作位置、结构特点，同时表达圆锥销（保证连接精度）、起盖螺栓（消除"水玻璃"的粘合作用，使箱盖和箱体分离）、连接螺栓的具体数量、相对位置。

左视图推荐采用基本视图结合拆卸画法（拆去视孔盖和通气塞等零件）表达减速器的侧面外形（包括油标的外形和位置）并标注安装尺寸、外形尺寸，也可采用局部视图代替以简化作图。倾斜位置的视孔盖外形以及与箱盖的连接方式可采用斜视图表达（图略）。

装配图中的各类重要尺寸请自行确定，序号和明细栏的编写可参考图 8-3 的装配示意图以及图 8-6 中明细栏的有关介绍，技术要求详见 8.3.2 减速器的技术要求。

8.3.2　减速器的技术要求

（1）零件的材料

箱盖、箱体采用 HT200，主动轴、从动轴、从动齿轮采用 45，油塞、轴套、通气塞、挡油环、调整垫圈采用 Q235A，闷盖、通盖采用 HT150，油标、视孔盖采用透明赛璐珞，密封件分别采用橡胶、毛毡、压纸板。零件的材料以及标准件的国标号如图 8-6 所示。

（2）零件的密封

箱体内的油液（牌号 L-CLD15）可起到润滑传动零件、降低零件温度、减缓零件氧化以及防止杂质漂移的作用。为防止油液的渗漏，视孔盖、通气塞、油标、油塞、通盖均应配置密封件，箱体顶面铣出回油槽、涂抹"水玻璃"（碳酸硅，又称硅胶）与箱盖粘合以避免油液从剖分面处渗漏，同时可保证滚动轴承与箱盖、箱体的配合精度。

（3）定位装置

为保证减速器箱盖、箱体和滚动轴承的配合精度，避免出现两组半圆孔错位的情况，因此在精加工轴承座孔（镗削、配作）前，必须以中心对称的形式在箱盖和箱体连接的两侧凸缘上配作销孔并装入圆锥销，如图 8-5 所示。

（4）配合类型

通盖、闷盖与箱盖、箱体推荐采用基孔制的过渡配合（H7/g6），从动轴与从动齿轮推荐采用基孔制的间隙配合（H7/d6）并用普通平键连接，滚动轴承的内圈与主、从动轴推荐采用基孔制的过渡配合（H7/j6），外圈与箱盖、箱体推荐采用基轴制的过渡配合（J7/h6），其它配合件推荐采用基孔制的间隙配合（H9/d9）。

（5）零件的技术要求

齿轮轴、从动轴、从动齿轮调质处理（220～250HBS），未注公差尺寸按 IT13 确定，未注倒角 C1。箱盖与箱体的未注铸造圆角 R2～R4，时效处理。毛坯外表面涂绿漆，内表面涂防锈漆。传动齿轮的中心距极限偏差±0.03，减速器安装时孔间距的极限偏差±0.5。

（6）装配体的技术要求

① 减速器装配后应转动灵活、平稳、无噪声。

② 减速器的连接和密封处不允许有漏油现象。

③ 减速器装配后的主动轴、从动轴的轴向窜动间隙小于 0.4mm。

④ 负载试验时，减速器的油温小于 35℃，滚动轴承温度小于 45℃。

8.3.3 明细栏的填写方法

明细栏中零件的序号、名称必须和装配示意图的表达一致并由下往上填写，零件材料可参考附表 10 确定，标准件必须填写国标号，常用件填写重要参数。减速器装配体中全部标准件、常用件以及部分专用件（箱盖、箱体等）的基本信息如图 8-6 所示。

32	滚动轴承 6202	2		GB/T 276—1994	15	垫圈 8	6	Q235A	GB/T 97.1—2002
30	齿轮轴	1	45	$m=1.5\ z=16$	14	螺栓 M8×30	2	Q235A	GB/T 5782—2000
27	从动轴	1	45		13	箱 盖	1	HT200	
24	从动齿轮	1	45	$m=1.5\ z=58$	8	螺钉 M4×10	4	Q235A	GB/T 65—2000
23	平键 8×7×18	1		GB/T 1096—2003	7	螺栓 M8×60	4	Q235A	GB/T 5782—2000
22	滚动轴承 6205	2		GB/T 276—1994	6	起盖螺栓 M6×25	2	Q235A	GB/T 5782—2000
21	大毡圈 25	1	毛毡	JB/ZQ 4606—1997	5	圆锥销 4×18	2	35	GB/T 117—2000
19	油塞垫圈 10×1.8	1	橡胶	GB 3452.1—1992	4	油标 M20×10	1		透明赛璐珞
18	油塞 M10×1	1	Q235A	JB/ZQ 4450—1986	3	油标滤网	1		工程塑料
17	螺母 M8	6	Q235A	GB/T 6170—2000	2	油标垫圈 20×1.8	1		GB 3452.1—1992
16	弹簧垫圈 8	6	65Mn	GB/T 93—1987	1	箱 体	1	HT200	
序号	零件名称	数量	材料	附注及标准	序号	零件名称	数量	材料	附注及标准

图 8-6 装配图中明细栏的填写（部分零件）

8.4 零件工作图的绘制

测绘的最后一项重要工作是绘制非标零件的零件工作图，绘制装配图时验证、校验过的零件草图是绘制零件工作图的重要依据。必须注意的是，在零件工作图的绘制过程中仍应继续验证零件草图的正确性，切不可不假思索地全盘照抄。

8.4.1 齿轮轴工作图

齿轮轴是 ZDY70 型单级减速器中的重要轴系零件，在标准直齿圆柱齿轮传动中为主动件，其模数 $m=1.5$，齿数 $z=16$，传动比 $i=58/16=3.625<5$（从动齿轮齿数 $z=58$），符合设计要求（单级传动比过大不利于传动结构的紧凑，并容易降低齿轮轴的工作寿命）。另外，主动齿轮轴的齿宽应比从动齿轮的齿宽大 $5\sim10$mm 以提高接触精度和齿根强度。ZDY70 型单级减速器中齿轮轴的齿宽（$B=30$）比从动齿轮的齿宽（$B=22$）大 8mm。

齿轮轴的结构分析、视图表达方案、键槽、轴颈、齿轮等标准结构尺寸和技术要求的确定参照 8.2.2 零件草图的绘制，此处不再赘述。必须注意的是，零件草图中的错误以及不合理表达应及时发现并予以纠正。如齿轮轴右侧 $\phi15j6$ 和 $\phi18$ 轴段的邻接端面作为辅助基准面应有较高的表面粗糙度要求，$\phi13h6$ 轴段作为与联轴器配合时的基准轴也有一定的形位公差要求。根据齿轮轴的零件草图绘制的零件工作图如图 8-7 所示。

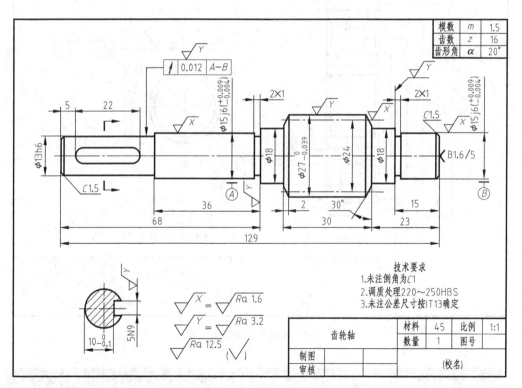

图 8-7　齿轮轴零件工作图

8.4.2 从动齿轮工作图

（1）零件结构分析

从动齿轮的主要作用是通过键连接与从动轴同步转动，传递运动和转矩。从动齿轮是典型的盘类零件，工艺结构有倒角、键槽、轮齿、减轻孔，标准结构是轮毂键槽和轮齿。

（2）视图表达方案

从动齿轮为回转体零件，视图表达时其轴线水平放置，用两个图形即可反映其内外形结构。主视图采用单一全剖视图，局部视图主要表达轮毂键槽的侧面特征并便于标注尺寸和技术要求。由于局部视图的轴线与主视图的对称中心线等高配置，因此省略标注。

（3）尺寸和技术要求

从动齿轮以对称中心线为径向基准，左、右端面均可作为轴向设计基准。具体测量时必须注意轮毂键槽和齿轮直径标准尺寸的查找或计算。

轮毂键槽：根据附表 4 和孔径 $\phi 26$ 确定其宽度 $b=8\text{Js}9$，$d+t_1=29.3^{+0.2}_{0}$（$t_1=3.3$）。

齿轮直径：根据齿轮轴的测算方式（8.2.2）可得齿顶圆直径 $d_a=\phi 90\text{h}8$、分度圆直径 $d=\phi 87$、齿根圆直径 $d_f=\phi 83.25$。齿轮的模数、齿数、齿形角仍以小表格的形式注写于工作图的右上角。从动齿轮其它结构的尺寸和技术要求如图 8-8 所示。

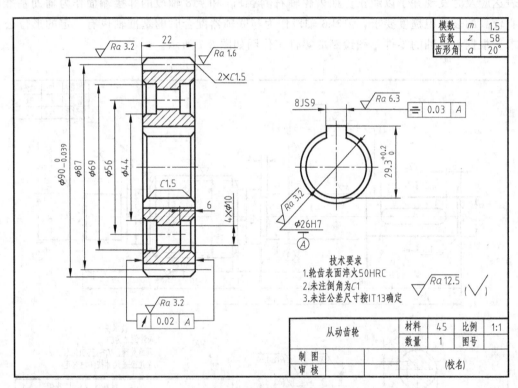

图 8-8　从动齿轮零件工作图

 8.5　测绘安排和答辩资料

8.5.1　测绘安排（推荐）

测绘（表 8-1）将在 5 天内（32 学时）集中完成，因此有必要充分强调测绘过程中的纪律性、协同性、独立性和时间性，坚决禁止散漫、拖沓、敷衍等不良习惯和作风，绝不允许不爱惜测绘对象、不重视团队协作以及旷课、迟到、早退等有悖测绘原则的现象存在。

另外，每天的测绘任务必须连夜完成，以免影响测绘的顺利进行，因此每位学生必须做好充分的心理准备和技术保证。

表 8-1 减速器装配体测绘安排

测绘时间		测 绘 内 容	备注
第一天	上午	①指导老师集中讲解单级直齿圆柱齿轮减速器装配体的工作原理、结构特点、装配关系、具体用途、测绘任务等有关内容 ②集体讨论减速器装配体的视图表达方案、尺寸标注以及技术要求 ③分组,分发测绘资料、图纸、量具、装拆工具、测绘对象	减速器测绘工具
	下午	①各组成员了解、熟悉减速器的基本情况(结构特点、装拆关系) ②绘制减速器装配体装配示意图,图样表达力求正确、清晰、规范	装配示意图 A4
第二天	上午	测绘减速器装配体非标零件(齿轮、从动轴、齿轮轴、箱盖等),画出零件草图,注意标准结构参数的查找以及极限与配合的确定	绘制零件草图
	下午		
第三天	上午	根据装配示意图绘制装配图。注意布图以及视图的表达方法合理,图线规范,图面整洁、美观	绘制装配图 A2
	下午		
第四天	上午	继续绘制并完成装配图,仔细检查、修正装配图,力求完美	绘制装配图 A2
	下午	绘制齿轮、从动轴、齿轮轴、箱盖、箱体零件图,可任取其二或由指导老师确定	绘制零件图 A4～A2
第五天	上午	①各小组根据答辩资料复习、讨论并予以归纳和总结,为下午的答辩做好必要的技术准备 ②未完成全部绘图内容的学生继续绘制,在下午答辩之前必须完成所有测绘任务	讨论总结测绘内容
	下午	①指导老师对测绘实训进行总结。肯定成绩,提出希望和要求 ②答辩。每个学生均需回答1～2个问题。比较复杂的问题可由小组成员集体讨论并回答,指导老师确定答辩成绩 ③检查、收齐测绘和制图用具并放回原处。整理、清扫教室。所有学生按规定方法装订图纸后上交指导老师,测绘结束	装订图纸答辩、整理测绘用具和教室

8.5.2 答辩资料（推荐）

① 简单介绍减速器的工作原理、传动特点、传动比的计算。

② 简单介绍减速器的装配关系、整体以及局部的装配结构。

③ 简单说明装配图的内容、比例、表达方案以及具体作用。

④ 简单说明减速器的零件总数,标准件、常用件、专用件的应用举例。

⑤ 简单说明装配图的视图表达方法,剖视图的剖切位置、类型、作用。

⑥ 箱盖的结构特点、材料,加工表面、非加工表面的判断方法。

⑦ 箱体的结构特点、材料,加工表面、非加工表面的判断方法。

⑧ 定位销的零件类型、序号、数量、形状、作用以及表达方法。

⑨ 平键的零件属性（标准件/常用件/专用件）、类型、作用。

⑩ 视孔盖的序号、别称、位置、材料以及作用。

⑪ 油标、螺塞的位置、材料、作用、连接方式。

⑫ 透气塞的工作位置、材料、作用、连接方式。

⑬ 箱体内贮机油的作用、加注方法、注油高度。

⑭ 毡圈的位置、材料、作用，剖面符号的画法。

⑮ 轴承端盖（闷盖）的材料、配合形式、作用。

⑯ 螺栓连接的国标号、数量、作用、规定画法。

⑰ 轴套的俗称、序号、位置、材料、作用、配合尺寸。

⑱ 大、小通盖的材料、位置和作用，与箱体的配合尺寸。

⑲ 减速器箱体中，油沟的位置、形状、作用以及加工方法。

⑳ 减速器的密封装置、材料、作用。（为何不用金属材料？）

㉑ 箱盖、箱体的连接方式、接触形式。（为何不用密封垫？）

㉒ 齿轮轴的结构特点、材料、模数、齿数、与轴承的配合关系。

㉓ 从动轴的结构特点、材料、模数、齿数、与轴承的配合关系。

㉔ 分别指出减速器中加油孔、放油孔、油面观察孔的位置和作用。

㉕ 滚动轴承的序号、作用、规定画法、代号含义。（6202，6205）

㉖ 滚动轴承的轴向固定、零件属性（标准件/常用件/专用件）以及作用。

㉗ 指出主轴、从动轴的空间位置、轴线布置（水平/上下/铅垂）和区别。

㉘ 啮合齿轮的具体类型、主从关系、规定画法。（d_a、d、d_f 的确定与计算）

㉙ 大、小齿轮模数、齿数之间的关系，标准齿形角的数值，齿宽 B 的区别。

㉚ 调整垫片和轴的配合关系、零件属性（标准件/常用件/专用件）、作用。

㉛ 主、从动轴中心距的测量方法、公差数值、极限尺寸。

㉜ 大齿轮和转轴的连接方式、运动形式、配合关系、作用。

㉝ 游标卡尺的读数方法、精度等级、测量范围、具体用途。

㉞ 序号的组成和标注方法，标题栏、明细栏的区别和内容。

㉟ 齿轮轴零件图的视图表达、尺寸标注，形位公差、表面粗糙度的标注及含义。

㊱ 从动轴零件图的视图表达、尺寸标注，形位公差、表面粗糙度的标注及含义。

知识点梳理和回顾

一、结构分析

　　减速器的主体结构由箱盖和箱体、主动齿轮轴系、从动齿轮轴系三部分组成。箱盖和箱体采用剖分式可拆连接，通过圆锥销定位、螺栓组连接。箱盖上的主要结构是视孔盖和通气塞，箱体上的主要结构是油标和油塞。

　　主动齿轮轴系是以齿轮轴的轴线为装配主线，其上的小齿轮居中，由挡油环、滚动轴承以及小调整垫圈、小闷盖和小通盖装配而成。

　　从动齿轮轴系是以从动轴的轴线为装配主线，其上的从动齿轮居中，依次装配轴套、滚动轴承、大调整垫圈、大闷盖和大通盖。

　　减速器中各类零件的作用简介如下：箱盖和箱体容纳、封闭、安装传动结构和各种附件，两者连接后产生的大、小配作孔压紧支承主、从动轴系的滚动轴承，箱体内的贮油可润滑、冷却机件并沉淀杂质；齿轮轴和从动齿轮（与从动轴配合）构成减速器最重要的传动部分以起到减速增矩的作用；视孔盖可观察齿轮的啮合情况，通气塞保证箱体内外压力均衡，油标观察油液高度，油塞排出废油；通盖内的毡圈可防止油液渗漏以及灰尘进入，调整垫圈调整轴系的轴向间隙，挡油环避免油液稀释滚动轴承的润滑脂；另外，圆锥销用于定位，螺栓组连接箱盖和箱体。

二、图样绘制

1. 装配示意图

采用简单的线条和符号、通过两个图形示意性表达减速器中各个零件的装配关系、大致形状、相互位置、拆卸顺序等，是重新装配减速器和画装配图的重要依据。

2. 零件草图

ZDY70 型单级减速器共由 35 种零件组成，其中 20 种非标零件都需绘制零件草图，本项目以齿轮轴为例具体说明草图的表达内容、绘图步骤、注意事项。

3. 装配图

主视图采用基本视图结合局部剖视表达减速器的正面外形以及油标、油塞、视孔盖、通气塞、定位销、螺栓连接的连接方法、工作位置、具体作用。俯视图采用沿箱盖和箱体的剖分面剖切的方法表达减速器的工作原理、装配关系以及主要零件的工作位置、结构特点。

左视图推荐采用基本视图结合拆卸画法（拆去视孔盖和通气塞等零件）表达减速器的侧面外形，也可采用局部视图以简化作图。视孔盖的外形和连接方式可采用斜视图表达。

4. 零件工作图

根据零件草图绘制零件工作图并对草图上的错误或不合理表达予以修正。本项目以齿轮轴、从动齿轮为例具体说明零件工作图的表达内容、绘图步骤、注意事项。

*项目 9
图样绘制拓展和延伸

9.1 平面图形的绘制

9.1.1 等分线段和圆周

（1）等分直线段

作图方法：过已知线段的端点 A 画任意角度的直线，用分规（或圆规）自线段起点量取 n 个线段（任意长度），将等分的最末点与已知线段的另一端点 B 相连。过各等分点作该线的平行线与已知线段相交即得等分点，然后推画平行线，如图 9-1 所示。

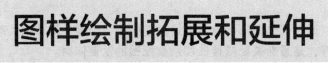

图 9-1　等分直线段

（2）等分圆周

① 正五边形

作图方法：作 OA 的中点 M。以 M 点为圆心，$M1$ 为半径作弧，交水平中心线于 K。以 $1K$ 为边长将圆周五等分，即可作出圆内接正五边形，如图 9-2 所示。

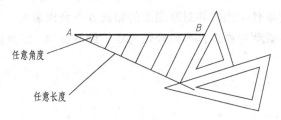

图 9-2　正五边形的画法

② 正六边形

作图方法一：圆规作图（常用）。

以已知圆在水平直径上的两处交点 A、D 为圆心，以 $R=D/2$ 为半径作弧，与已知圆交于 B、C、E、F 点，依次连接 $A \sim F$ 点即得圆内接正六边形，如图 9-3（a）所示。

作图方法二：三角板作图。

以 60°三角板配合丁字尺作平行线并画出四条斜边，再以丁字尺作上、下水平边，即得圆内接正六边形，如图 9-3（b）所示。

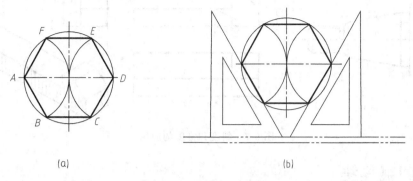

(a)　　　　　　　　　　　　(b)

图 9-3　正六边形的画法

9.1.2　斜度和锥度

斜度和锥度详见 GB/T 4458.4—2003。

斜度是指一直线（或平面）相对于另一直线（或平面）的倾斜程度。斜度的特点是单向分布，如图 9-4 所示。

锥度是指正圆锥底圆直径与其高度之比或正圆台的两底圆直径差与其高度之比。锥度的特点是双向分布，如图 9-5 所示。

斜度$= \tan\alpha = H/L = 1{:}n$

图 9-4　斜度

锥度$= D/L = (D-d)/l = 2\tan\alpha = 1{:}n$

图 9-5　锥度

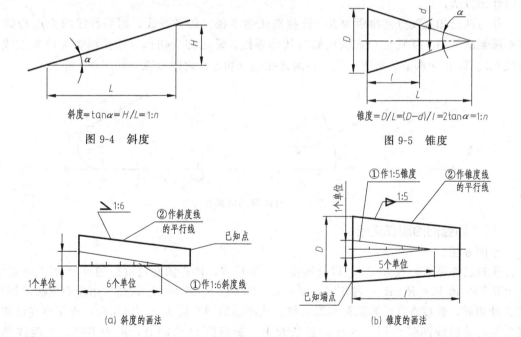

(a) 斜度的画法　　　　　　　　(b) 锥度的画法

图 9-6　斜度和锥度的画法

✋ 注意

作斜度和锥度时，可将比例前项化为 1，在图中以 1 : n 的形式标注，符号指向与图形同向，如图 9-6 所示。图 9-7 为斜度和锥度的应用实例。

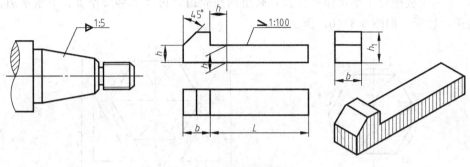

图 9-7 斜度和锥度的应用

9.1.3 圆弧连接

在绘制零件的轮廓形状时，有时会遇到从一条直线（或圆弧）光滑过渡到另一条直线（或圆弧）的情况，这种光滑过渡的连接方式称为圆弧连接，即平面几何中的线段相切。

（1）基本步骤

首先求作连接圆弧的圆心，它到两被连接线段的距离均为连接圆弧的半径，然后找出连接圆弧与被连接线段的切点，最后在两切点之间画连接圆弧。

已知条件：连接圆弧的半径。作图关键：找出连接圆弧的圆心和切点，光滑连接。

（2）直线间的圆弧连接

作图方法：

作与两已知直线分别相距为 R（连接圆弧的半径）的平行线，两平行线的交点 O 即为连接圆弧的圆心。从圆心 O 向两已知直线作垂线，垂足即为切点（连接圆弧与已知直线的连接点）。以 O 为圆心，R 为半径，在两连接点（切点）之间画弧，如图 9-8 所示。

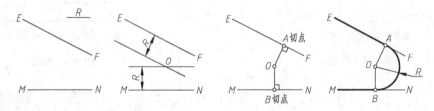

图 9-8 直线间的圆弧连接

（3）圆弧间的圆弧连接

作图方法：

根据已知圆弧半径 R_1、R_2 以及连接圆弧半径 R，计算圆心轨迹线的半径 R'：外切时，$R'=R+R_1$ 或 $R'=R+R_2$；内切时，$R'=|R-R_1|$ 或 $R'=|R-R_2|$。然后用连心线法求切点：圆弧外切时，连接点在已知圆弧和圆心轨迹线圆弧的圆心连线上；内切时，连接点在已知圆弧和圆心轨迹线圆弧的圆心连线的延长线上。最后以 O 为圆心，R 为半径，在两连接点（切点）之间画弧，如图 9-9 所示。

9.1.4 椭圆的画法

（1）同心圆法

以 AB 和 CD 为直径画同心圆，过圆心作一系列直径与两圆相交，由各交点分别作与长

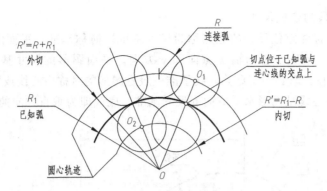

图 9-9 圆心和切点的求法

轴、短轴平行的直线即可得到椭圆上的各点。最后光滑连接各点，如图 9-10（a）所示。

（2）四心法

① 连接 A、C 两点，以 O 为圆心、OA 为半径画弧，交 CD 延长线于 E。

② 以 C 为圆心，CE 为半径画弧，交 AC 于 E_1；作 AE_1 的中垂线交长轴于 O_1，交短轴于 O_2，并作出 O_1、O_2 的对称点 O_3、O_4。

③ 分别连接 O_1O_2、O_2O_3、O_3O_4、O_4O_1，其连心线即为长、短椭圆弧的分界线。

④ 以 O_1 和 O_3 为圆心、O_1A（或 O_3B）为半径，O_2 和 O_4 为圆心、O_2C（或 O_4D）为半径分别画圆弧到分界线，K、K_1、N、N_1 即为椭圆弧的切点，如图 9-10（b）所示。

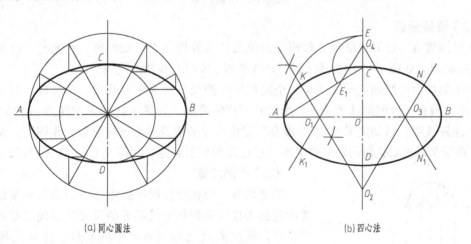

(a) 同心圆法   (b) 四心法

图 9-10 椭圆的画法

9.1.5 平面图形的画法

（1）尺寸分析

① 定形尺寸 是指确定平面图形上几何元素形状大小的尺寸，如图 9-11 中的 $\phi12$、$R13$ 以及 $R26$、$R7$、$R8$、10、48。几何图形所需的定形尺寸具有一定的属性，如直线的定形尺寸是长度（线性尺寸），圆和圆弧的定形尺寸分别是直径和半径（径向尺寸）。

② 定位尺寸 是指确定各几何元素相对位置的尺寸，如图 9-11 中的 18、40。确定平面图形的位置需要两个相对于尺寸基准方向的定位尺寸，即水平方向和垂直方向。另外，有些定形尺寸也可能是定位尺寸，如图 9-11 中的尺寸 10 既是图线某一高度的定形尺寸，又是该

线段相对于底部线段的定位尺寸。

③ 尺寸基准　标注定位尺寸的起点称为尺寸基准，简称基准。平面图形的尺寸分为水平和垂直两个方向，相当于坐标轴 x 方向和 y 方向。平面图形的尺寸基准分别是点或线。常用的点基准有圆心、球心、端点等，线基准一般是图形的对称中心线或图形中的边线，如图 9-11 中的铅垂中心线是图形水平方向的尺寸基准，底线即为垂直方向的尺寸基准。

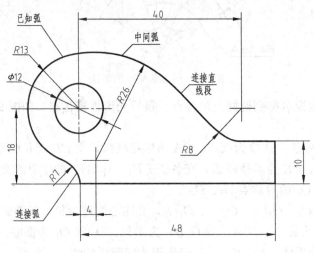

图 9-11　平面图形

（2）线段分析

① 已知线段　已知定形尺寸和两个定位尺寸的线段称为已知线段。作图时，已知线段可以直接画出，如图 9-11 中的 $\phi12$ 圆、$R13$ 圆弧、48 和 10 两根线段。

② 中间线段　已知定形尺寸和一个定位尺寸的线段称为中间线段。作图时，另一个定位尺寸必须根据线段间的几何关系、通过几何作图确定，如图 9-11 中的 $R26$ 和 $R8$ 圆弧。

③ 连接线段　已知定形尺寸、"没有"定位尺寸的线段称为连接线段。作图时，两个定位尺寸必须全部根据线段间的几何关系、通过几何作图确定，如图 9-11 中的 $R7$ 圆弧。

（3）作图步骤

确定比例、图幅后分析平面图形中的线段类型以及给定的连接条件。根据各组成部分的尺寸关系确定基准以及定位线。依次画出已知线段、中间线段、连接线段并加粗、描深。

现以图 9-12 所示的挂轮架为例，具体说明平面图形的绘图方法和步骤。

① 尺寸分析　分析、归纳挂轮架所有的定形尺寸和定位尺寸，确定水平和垂直两个方向的尺寸基准（$\phi62$ 圆的正交中心线）用以布图，如图 9-13 所示。

② 线段分析　分析、归纳挂轮架所有的已知线段、中间线段和连接线段以确定绘图顺序，如图 9-14 所示。

③ 作图步骤　先布图定位，再根据已知线段、中间线段、连接线段的顺序绘制图形，如图 9-15 所示。

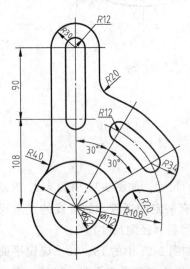

图 9-12　挂轮架平面图形

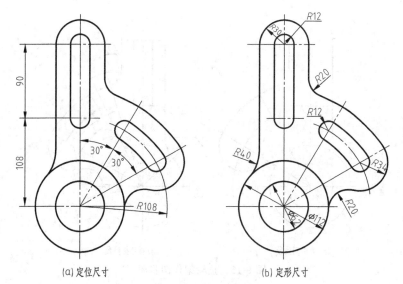

(a) 定位尺寸　　　　(b) 定形尺寸

图 9-13　挂轮架尺寸分析

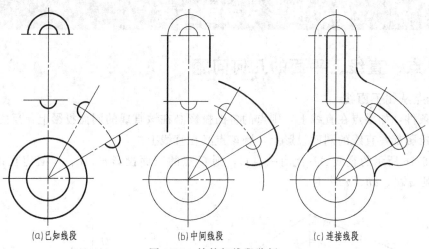

(a) 已知线段　　　　(b) 中间线段　　　　(c) 连接线段

图 9-14　挂轮架线段分析

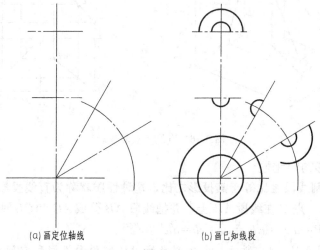

(a) 画定位轴线　　　　(b) 画已知线段

图 9-15

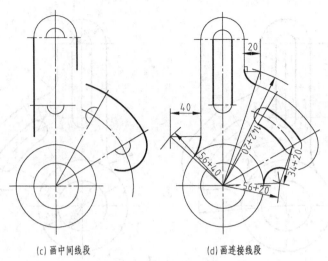

(c) 画中间线段　　　　　　(d) 画连接线段

图 9-15　挂轮架作图步骤

9.2　立体的投影与表面交线

9.2.1　点、直线、平面的几何问题

（1）点从属于直线

几何条件：如果点在直线上，则点的各面投影必在该直线的同面投影上；反之，若一个点的各面投影都在直线的同面投影上，则该点必在直线上。

如图 9-16 所示的直线 AB 上有一点 C，则 C 点的三面投影 c'、c、c'' 必定在该直线 AB 的同面投影 $a'b'$、ab、$a''b''$ 上。

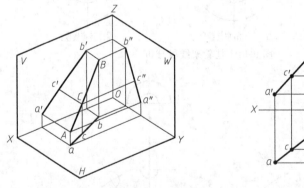
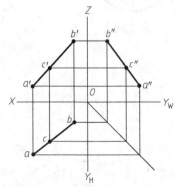

图 9-16　直线上点的投影

（2）直线投影的定比性

直线上的点分割线段之比等于其投影之比，这种性质就称为直线投影的定比性。

如图 9-16 所示，点 C 在线段 AB 上，并把线段 AB 分成 AC 和 CB 两段。根据直线投影的定比性，$AC:CB=a'c':c'b'=ac:cb=a''c'':c''b''$。

【例 9-1】　如图 9-17（a）所示，已知侧平线 AB 的两面投影和空间点 K 在直线上的正面投影 k′，求作点 K 的水平投影 k。

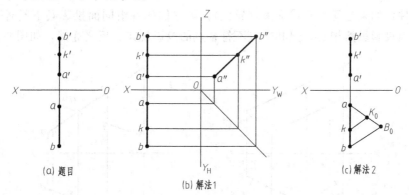

(a) 题目　　　　(b) 解法1　　　　(c) 解法2

图 9-17　求直线上点的投影

（3）两直线的相对位置

① 两直线平行

几何条件：如果空间两直线平行，则它们的同面投影必定互相平行；反之，若两直线的各个同面投影互相平行，则此两直线在空间也必定互相平行。

如图 9-18 所示，由于 $AB \,/\!/\, CD$，则 $a′b′ \,/\!/\, c′d′$、$ab \,/\!/\, cd$、$a″b″ \,/\!/\, c″d″$。

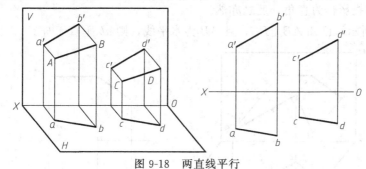

图 9-18　两直线平行

② 两直线相交

几何条件：如果空间两直线相交，则它们的同面投影必定相交，且交点符合投影规律；反之，若两直线的各同面投影相交，且各组同面投影的交点符合点的投影规律，则两直线在空间也必定相交。

如图 9-19 所示，两直线 AB、CD 相交于 K 点，因为 K 点是两直线的共有点，则此两直线的各组同面投影的交点 $k′$、k、$k″$ 必定是空间交点 K 的投影。

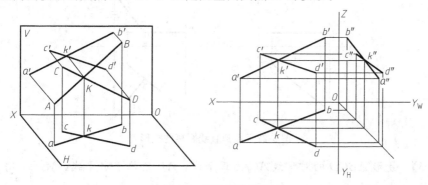

图 9-19　两直线相交

③ 两直线交叉

几何条件：如果空间两直线交叉（异位），则它们的各组同面投影必不同时平行，或者它们的各同面投影虽然相交，但其交点不符合点的投影规律；反之亦然，如图9-20所示。

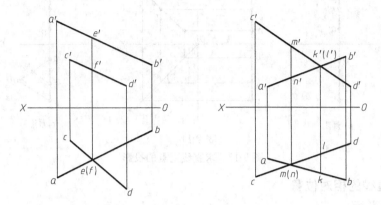

图 9-20　两直线交叉

（4）直角投影定理

几何条件：空间垂直相交的两根直线，如果其中一根直线平行于某投影面，则两根直线在该投影面上的投影仍为直角，反之亦然。

如图9-21所示，已知 $AB \perp BC$，且 AB 为水平线，则 ab 垂直于 bc。

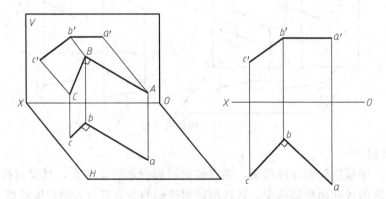

图 9-21　两直线垂直相交的投影

【例 9-2】　如图9-22所示，求作空间点 A 到直线 BC 距离的投影。

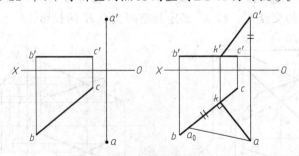

图 9-22　点到直线距离的投影

【例 9-3】　菱形 $ABCD$ 的对角线 AC 为正平线，AB 边位于水平线 AM 上，求作菱形的投影。

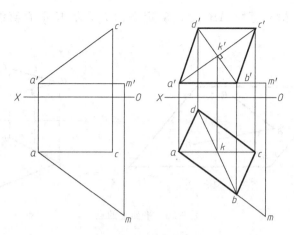

图 9-23　菱形的投影图

（5）直线从属于平面

几何条件：如果一直线通过平面上的两个点或一直线通过平面上的一点并平行于平面上的另一直线，则直线必在该平面上。上述两项几何条件均为独立条件。

如图 9-24 所示，相交两直线 AB、AC 确定一平面 P，现分别在两直线上取点 E、F 并直线连接，则 EF 必为平面 P 上的直线，即从属于平面 P。

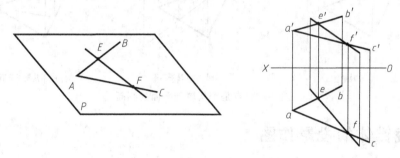

图 9-24　平面上的直线一

如图 9-25 所示，相交两直线 AB、AC 确定一平面 P，在直线 AC 上取点 E，过点 E 作直线 $MN /\!/ AB$，则 MN 必为平面 P 上的直线。

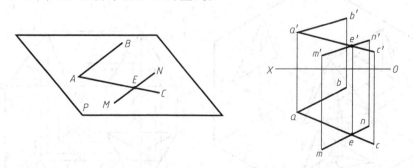

图 9-25　平面上的直线二

（6）点从属于平面

几何条件：如果点在平面内的一直线上，则该点必在平面上。因此在平面上取点，必须先在平面上取一直线，然后再在该直线上取点。

如图 9-26 所示，相交直线 AB、AC 确定平面 P，点 K 取自直线 AB，则 K 在平面 P 上。

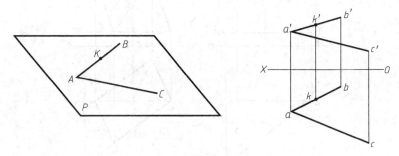

图 9-26　平面上的点

【例 9-4】　如图 9-27 所示，判断点 K 和点 M 是否从属于△ABC 所在的平面。

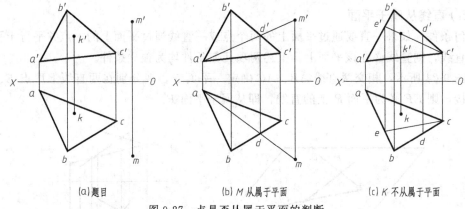

(a)题目　　　　　　　(b) M 从属于平面　　　　　(c) K 不从属于平面

图 9-27　点是否从属于平面的判断

9.2.2　棱锥体的投影作图

（1）投影分析

如图 9-28（a）所示，正三棱锥由一个正三边形底面和三个等腰三角形棱面组成。

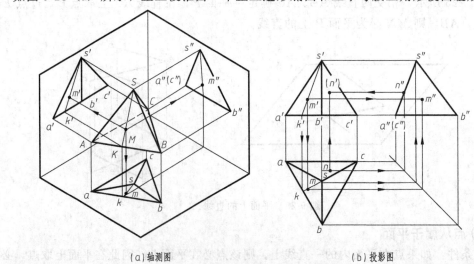

(a)轴测图　　　　　　　　　　　(b)投影图

图 9-28　正三棱锥的投影及表面取点

如图 9-28（b）所示，由于棱锥底面△ABC 为水平面，它的水平投影反映实形，正面投影和侧面投影分别积聚为直线段 a'b'c' 和 a"（c"）b"。棱面△SAC 为侧垂面，它的侧面投影积聚为一段斜线 s"a"（c"），正面投影和水平投影为类似形△s'a'c' 和△sac，前者为不可见，后者可见。棱面△SAB 和△SBC 均为一般位置平面，其三面投影均为类似形。棱线 SA、SC 为一般位置直线，SB 为侧平线，AC 为侧垂线，AB、BC 为水平线。

（2）表面取点

棱锥的表面取点采用积聚性法或辅助线法。首先确定已知点位于棱锥的哪个平面上，再分析该平面的投影特性。若该平面为特殊位置平面，可利用积聚性直接求得点的投影；若该平面为一般位置平面，则可通过辅助线法求得点的投影。

如图 9-28（b）所示，已知棱锥表面上点 M 的正面投影 m' 和点 N 的水平投影 n，求作点 M、N 的其余两个投影。

分析：因为 m' 可见，则点 M 一定在△SAB 上。△SAB 是一般位置平面，可采用辅助线法，即过锥顶 S 及点 M 作一条辅助直线 SK，与底边 AB 交于辅助点 K，如图 9-28（a）所示。在投影图中，可过 m' 作 s'k'，再作出其水平投影 sk。由于点 M 属于空间直线 SK，可知 m 一定在 sk 上，求出水平投影 m，再根据 m、m' 求出 m"。

因为 n 可见，所以点 N 一定在棱面△SAC 上。棱面△SAC 为侧垂面，它的侧面投影积聚为直线段 s"a"（c"），因此 n" 一定在 s"a"（c"）上，由 n、n" 即可求出 n'（加括号）。

9.2.3　圆锥体的投影作图

（1）投影分析

如图 9-29（a）所示，圆锥表面由圆锥面和圆形底面所组成。圆锥面可看作是一条直母线 SA 围绕与它倾斜的中心轴线 SO 回转而成。在圆锥面上通过锥顶的任意一条倾斜于轴线的直线称为圆锥面的素线。

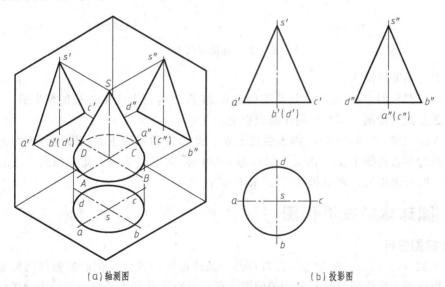

（a）轴测图　　　　　　（b）投影图

图 9-29　圆锥的投影

如图 9-29（b）所示，正圆锥的水平投影为反映底面实形的圆，同时也表示圆锥面的投影。正面投影和侧面投影均为等腰三角形，其底边为圆锥底面的积聚投影。正面投影 s'a'、

$s'c'$ 分别表示圆锥最左转向轮廓素线 SA、最右转向轮廓素线 SC 的投影，是圆锥正面投影中可见与不可见部分的分界线。SA、SC 的水平投影 sa、sc 分别与中心线重合，侧面投影 $s''a''$（c''）与轴线重合。同理也可对侧面投影进行类似的分析。

注意：一般在绘制圆锥的投影时，常使它的轴线垂直于某个基本投影面以反映实形。

（2）表面取点

圆锥的表面取点可采用辅助素线法或辅助纬圆法。如图 9-30（b）所示，已知圆锥表面上点 M 的正面投影 m'，求作点 M 的另两个投影。

画法一：辅助素线法。

分析：如图 9-30（a）所示，过锥顶 S 和点 M 作一直线 SA，与底面交于点 A，点 M 的各个投影一定在 SA 的相应投影线上。

如图 9-30（b）所示，过 m' 作素线 $s'a'$，然后求出其水平投影 sa。由于点 M 属于直线 SA，因此 m 一定在 sa 上，按照投影规律求出水平投影 m，再根据 m'、m 求出 m''。

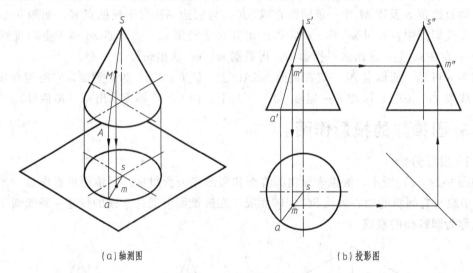

（a）轴测图　　　　　　　　　　（b）投影图

图 9-30　辅助素线法

画法二：辅助纬圆法。

分析：如图 9-31（a）所示，过圆锥面上点 M 作一垂直于圆锥轴线的辅助圆，点 M 的各个投影必在此辅助圆（纬圆）的相应投影上。

如图 9-31（b）所示，过 m' 作水平线 $a'b'$，此为辅助圆的正面投影的积聚线。辅助圆的水平投影为一直径等于 $a'b'$ 的圆，圆心为 s，由 m' 向下引垂线与此圆相交，且根据点 M 的可见性，即可求出 m，再根据 m'、m 求出 m''。

9.2.4　圆球体的投影作图

（1）投影分析

如图 9-32（a）所示，圆球表面可看作是一条圆母线绕通过其圆心的轴线回转而成。圆球在三个投影面上的投影都是直径相等的圆，但这三个圆分别表示三个不同方向的圆球面轮廓素线的投影，如图 9-32（b）所示。

正面投影圆是平行于 V 面的圆素线 A 的投影，水平投影圆是平行于 H 面的圆素线 B 的投影，侧面投影圆是平行于 W 面的圆素线 C 的投影。这三条圆素线的另外两面投影都与相

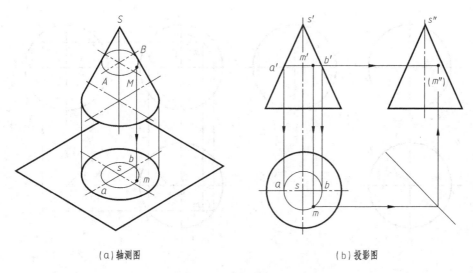

（a）轴测图　　　　　　　　　（b）投影图

图 9-31　辅助纬圆法

应圆的中心线重合，不能画出。三条圆素线均将圆球分割为二，读者可自行分析。

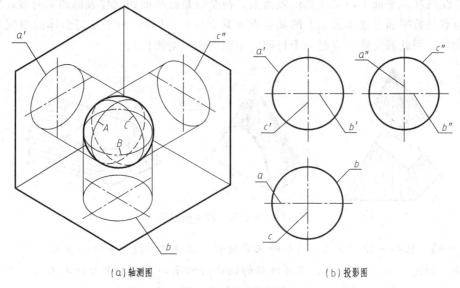

（a）轴测图　　　　　　　　　（b）投影图

图 9-32　圆球的投影

（2）表面取点

圆球面的投影没有积聚性，求作其表面上点的投影需采用辅助纬圆法，即过该点在球面上作一个平行于任一投影面的辅助圆。

如图 9-33（a）所示，已知球面上点 M 的水平投影 m，求作其余两个投影 m′、m″。

分析：过点 M 作一平行于正面的辅助圆，其水平投影为过 m 的直线 ab，正面投影为直径等于 ab 的圆。自 m 向上引垂线，在正面投影上与辅助圆相交于两点。由于 m 可见，故点 M 必在上半圆周上，据此可确定 m′，再由 m、m′ 求出 m″，如图 9-33（b）所示。

9.2.5　平面与立体的表面交线

平面与立体表面相交，可以认为是立体被平面截切，此平面称为截平面，截平面与立体

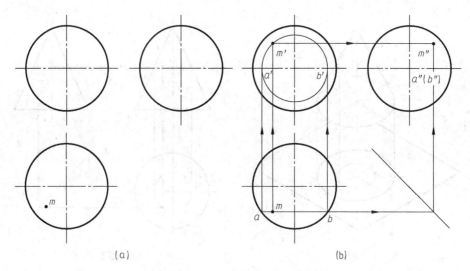

图 9-33　圆球表面点的投影

表面的交线称为截交线，如图 9-34 所示。

截交线既在截平面上，又在立体表面上，截交线是截平面和立体表面的共有线，因此截交线上的点是截平面与立体表面上的共有点（共有性）。另外，由于任何形体的空间形状都是有限大的，因此截交线一定是一个封闭的平面图形（封闭性）。

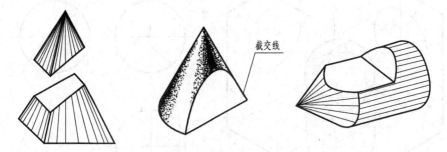

图 9-34　平面与立体表面相交

【例 9-5】　已知一带切口正三棱锥的正面投影，求作水平投影和侧面投影。

分析：如图 9-35（a）所示，正三棱锥的切口由水平和正垂截平面切割而成，因此切口的正面投影具有积聚性，两截平面的交线是正垂线。水平截平面与三棱锥的底面平行，因此它与棱面 $\triangle SAB$ 和 $\triangle SAC$ 的交线 DE、DF 分别平行于底边 AB 和 AC，水平截面的侧面投影积聚成一条直线。正垂截平面分别与棱面 $\triangle SAB$ 和 $\triangle SAC$ 交于直线 GE、GF。

作图方法和步骤如图 9-35（b）～（d）所示。

【例 9-6】　已知正垂面 P 斜切圆柱，求作其三面投影。

分析：平面截切圆柱时，根据截平面与圆柱轴线相对位置的不同，其截交线有三种不同的形状，分别为矩形（∥ 轴线）、圆形（⊥ 轴线）、椭圆形（∠ 轴线）。

如图 9-36（a）所示，截平面倾斜于圆柱轴线，所以截交线为椭圆，其正面投影积聚为一直线。由于圆柱面的水平投影积聚为圆，而椭圆位于圆柱面上，所以椭圆的水平投影与圆柱面的水平投影重合。椭圆的侧面投影是它的类似形，仍为椭圆，可根据投影规律由正面投影和水平投影画出它的侧面投影。

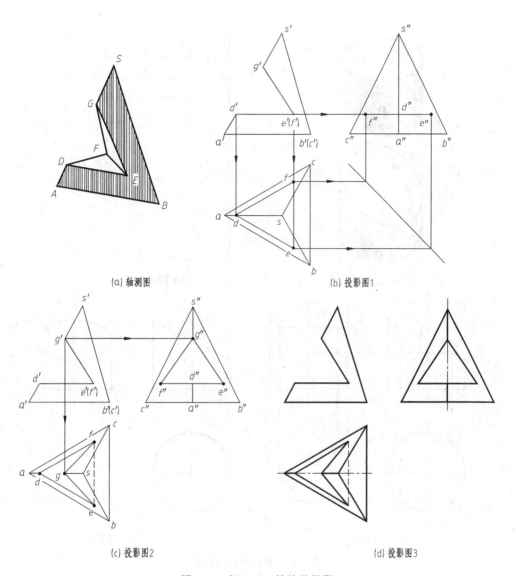

(a) 轴测图 (b) 投影图1

(c) 投影图2 (d) 投影图3

图 9-35 切口正三棱锥的投影

作图方法和步骤如图 9-36（b）～（d）所示。

【例 9-7】 已知圆柱的轴测图以及侧面投影，求作正面投影和水平投影。

分析：如图 9-37（a）所示，圆柱左端开槽由两个平行于圆柱轴线的对称正平面和一个垂直于轴线的侧平面切割而成，圆柱右端的切口是由两个水平面和两个侧平面切割而成。

作图方法和步骤如图 9-37（b）～（d）所示。

【例 9-8】 已知正平面 P 直切圆锥，求作其三面投影。

分析：平面截切圆锥时，根据截平面与圆锥轴线相对位置的不同，其截交线有多种不同的形状，分别是三角形（过锥顶）、圆形（⊥轴线）、曲线形（∥ 或 ∠ 轴线）。

如图 9-38（a）所示，因为截平面 P 为正平面，与轴线平行，所以截交线为曲线。截交线的水平投影和侧面投影都积聚成直线，因此只需求出正面投影即可。

作图方法和步骤如图 9-38（b）所示。

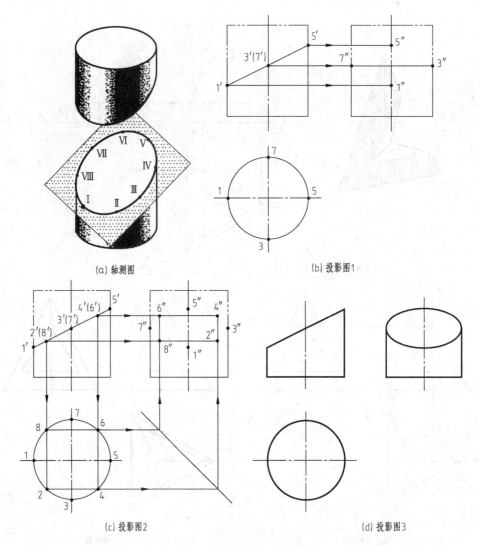

(a) 轴测图

(b) 投影图1

(c) 投影图2

(d) 投影图3

图 9-36　斜切圆柱的投影

【例 9-9】　已知一开槽半圆球的正面投影，求作水平投影和侧面投影。

分析：如图 9-39 (a) 所示的半圆球，其凹槽由两个侧平面和一个水平面切割而成，侧平面与半圆球的交线为两段平行于侧面的对称圆弧，水平面与半圆球的交线为两段前后对称的水平圆弧，侧平面与水平面之间的交线为正垂线。

作图方法和步骤如图 9-39 (b)、(c) 所示。

【例 9-10】　已知一顶尖头（组合回转体）的正面投影和侧面投影，求作水平投影。

分析：如图 9-40 (a) 所示的顶尖头由同轴圆锥与圆柱组合而成。截平面 P 平行于水平轴线，与圆锥面的交线为曲线，与圆柱面的交线为两条平行直线。

截平面 Q 与圆柱斜交，截交线是一段椭圆弧。三组截交线的正面投影积聚在 P、Q 两面的投影上，侧面投影积聚在截平面 P 和圆柱面的投影上，因此只需根据圆柱、圆锥表面取点的方法求作俯视图上三组截交线的水平投影即可。

作图方法和步骤如图 9-40 (b) ～ (d) 所示。

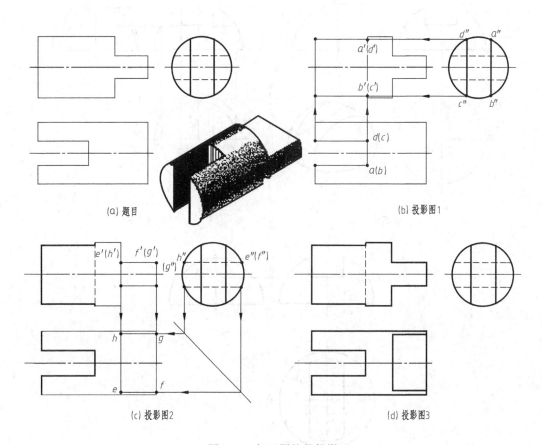

(a) 题目

(b) 投影图1

(c) 投影图2

(d) 投影图3

图 9-37 切口圆柱的投影

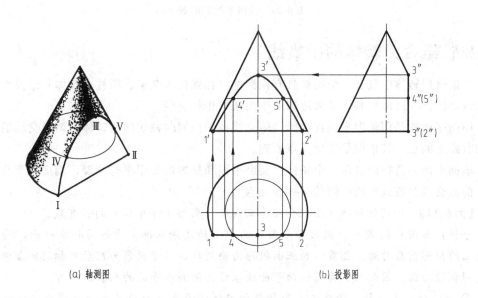

(a) 轴测图

(b) 投影图

图 9-38 正平面切割圆锥的投影

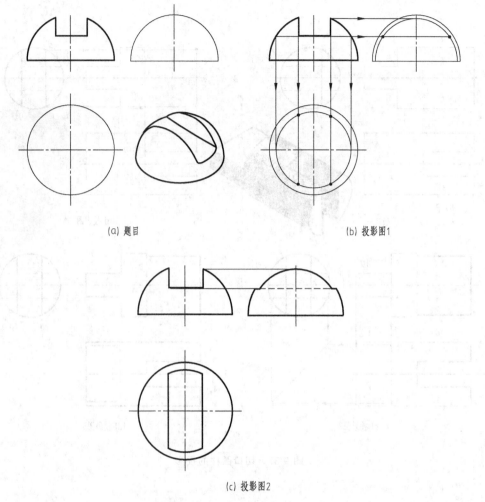

(a) 题目　　　　　　　　　　　　　　　　(b) 投影图1

(c) 投影图2

图 9-39　开槽半圆球的截交线

9.2.6 组合回转体的相贯线

当组合回转体中只有一个投影具有积聚性（如圆柱＋圆锥、圆柱＋球体）或投影没有积聚性（如圆锥＋圆球）时，常采用辅助平面法求作相贯线。

辅助平面法是用辅助平面在两回转体交线范围内同时截切两回转体，两组交线的交点即为相贯线上的点，其依据是三面共点原理。

辅助平面的选择应满足三个条件：辅助平面和投影面处于平行位置；辅助平面和两曲面的截交线为圆或直线；两截交线有交点。

【例 9-11】　利用辅助平面法求作组合回转体（圆柱＋半球体）的相贯线。

分析：如图 9-41 所示，圆柱和半圆球的中心轴线分别垂直于侧面和水平面，两者在水平面上的投影前后对称。相贯线的正面投影为曲线段，水平投影为前后对称的闭合曲线，侧面投影积聚为圆，因此只需运用辅助平面法求作正面和水平面的相贯线即可。

① 求特殊点Ⅰ和Ⅱ：特殊点Ⅰ和Ⅱ是相贯线的最高点和最低点，可利用圆柱的积聚性求作其三面投影。

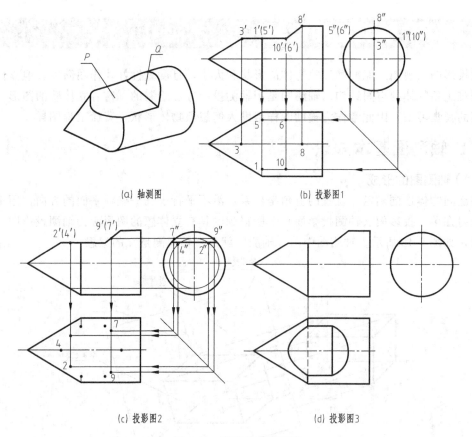

(a) 轴测图　　　　　　　　　(b) 投影图1

(c) 投影图2　　　　　　　　　(d) 投影图3

图 9-40　顶尖头的截交线

② 求特殊点 Ⅴ 和 Ⅵ：特殊点 Ⅴ 和 Ⅵ 是相贯线的最前点和最后点，可利用辅助平面法（过圆柱前后转向轮廓素线的辅助水平面 Q ＋辅助纬圆法）求作其三面投影。

③ 求一般点 Ⅲ 和 Ⅳ：在图示位置设置辅助水平面 P 与圆柱侧面投影（积聚圆）相交得投影点 3″ 和 4″，利用辅助纬圆法求作其水平投影 3、4 和正面投影 3′（4′）。

④ 整理轮廓线，光滑连接特殊点和一般点，判断相贯线的可见性。

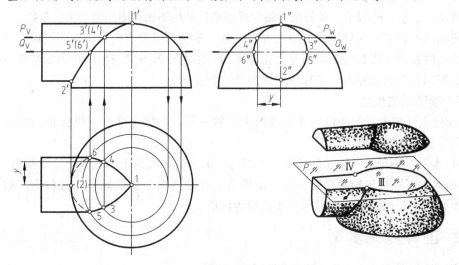

图 9-41　圆柱与半圆球的相贯线

9.3 轴测图的绘制

正投影图（视图）能准确反映物体的形状和大小，且度量性好，作图简单，但立体感不强，较难想象物体的空间结构。轴测图是用轴测投影方法绘制的、富有立体感的图形，更接近人们的视觉习惯，因此常作为辅助图样帮助人们想象物体形状，读懂工程图样。

9.3.1 轴测图基本知识

（1）轴测图的形成

将空间物体连同确定其位置的直角坐标系、沿不平行于任一坐标平面的方向，用平行投影法投射在单一投影面（轴测投影面）上所得到的具有立体感的图形称为轴测投影图，简称轴测图，如图 9-42 所示。轴测图中的"轴测"就是"轴向测量"的意思。

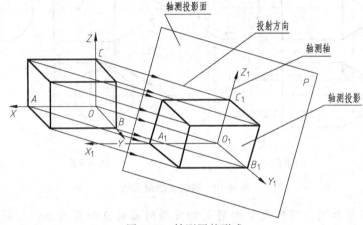

图 9-42 轴测图的形成

轴测投影中，投影面 P 即为轴测投影面。空间直角坐标轴 OX、OY、OZ 在轴测投影面上的投影 O_1X_1、O_1Y_1、O_1Z_1 为轴测轴。轴测轴之间的夹角 $\angle X_1O_1Y_1$、$\angle Y_1O_1Z_1$、$\angle X_1O_1Z_1$ 为轴间角。轴测轴上的单位长度与空间直角坐标轴上对应单位长度的比值，称为轴向伸缩系数，分别以 p_1、q_1、r_1 表示。轴间角与轴向伸缩系数是绘制轴测图的两个主要参数。

按照轴测投影方向与轴测投影面的方位关系，轴测图可分为两种：轴测投影方向与轴测投影面垂直时投影所得到的轴测图称为正轴测图，轴测投影方向与轴测投影面倾斜时投影所得到的轴测图称为斜轴测图，工程中常用的是正轴测图。

（2）轴测图的性质

① 物体上互相平行的线段，在轴测图中仍然平行；物体上平行于坐标轴的线段，在轴测图中仍平行于相应的轴测轴。

② 物体上不平行于坐标轴的线段，可以用坐标法确定其两个端点然后连线画出。

③ 物体上不平行于轴测投影面的平面图形，在轴测图中变成原形的类似形。如长方形的轴测投影为平行四边形，圆形的轴测投影为椭圆。

9.3.2 正等测轴测图

正等测轴测图详见 GB/T 14692—2008。

（1）正等测图的形成

如果使三条坐标轴 OX、OY、OZ 对轴测投影面都处于倾角相等的位置，用正投影法把物体向轴测投影面投影即为正等测轴测图，简称正等测图，如图 9-43（a）所示。

（2）正等测图的参数

图 9-43（b）表示了正等测图的轴测轴、轴间角和轴向伸缩系数等参数以及画法。从图中可以看出，正等测图的轴间角均为 120°，且三个轴向伸缩系数相等（0.82）。

为方便作图，实际画正等测图时可采用 $p_1=q_1=r_1=1$ 的简化伸缩系数，即沿轴向的所有轴测图尺寸都按物体的实际尺寸绘制。按简化伸缩系数画出的轴测图虽然比实际物体放大了 1.22 倍（1/0.82≈1.22），但形状没有改变，并不影响看图。

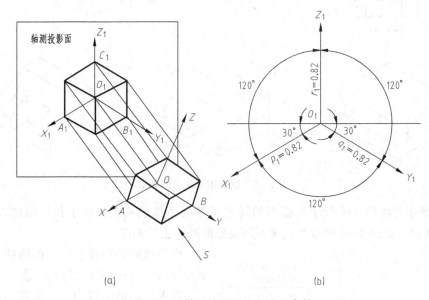

图 9-43 正等测轴测图的形成及参数

（3）正等测图的画法

① 正六棱柱体 投影分析：由于正六棱柱前后、左右对称，可选择顶面的中点作为空间直角坐标系的原点，正六棱柱的轴线作为 OZ 轴，顶面的两条对称线作为 OX、OY 轴。然后用各顶点的坐标分别定出正六棱柱的各个顶点的轴测投影，依次连接各顶点即可，如图 9-44 所示。

必须注意的是，为使图形清晰，轴测图中一般只画可见轮廓线，虚线可省略不画。

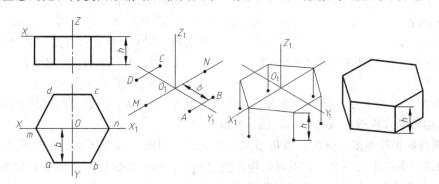

图 9-44 正六棱柱体的正等测图

【例 9-12】 已知切割体的三视图，画正等测图。

分析：该切割体是由一个长方体切割而成的。绘制时应先画出长方体的正等测图，再用切割法逐个画出各切割部分的正等测图，如图 9-45 所示。

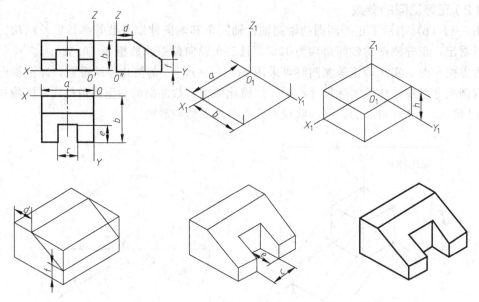

图 9-45 切割体的正等测图

② 圆的正等测图 平行于坐标面的圆的正等测图都是椭圆，除了长短轴的方向不同，其它画法相同。如图 9-46 所示为三种不同位置的圆的正等测图。

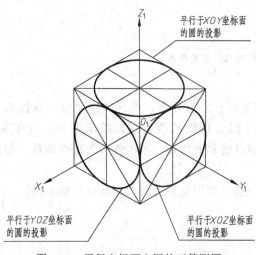

图 9-46 平行坐标面上圆的正等测图

水平圆的轴测投影——椭圆的长轴垂直于 O_1Z_1 轴，短轴平行于 O_1Z_1 轴。

正平圆的轴测投影——椭圆的长轴垂直于 O_1Y_1 轴，短轴平行于 O_1Y_1 轴。

侧平圆的轴测投影——椭圆的长轴垂直于 O_1X_1 轴，短轴平行于 O_1X_1 轴。

现以水平圆的轴测投影为例，说明圆的正等测图的画法，如图 9-47 所示。

a. 画轴测轴，再按圆的外切正方形画出菱形，如图 9-47 (a) 所示。

b. 以菱顶 A、B 为圆心、AC 为半径画两大弧，得 C、D 点，如图 9-47 (b) 所示。

c. 连接 AC 和 AD 分别交长轴于 M、N 两点，如图 9-47 (c) 所示。

d. 以 M、N 为圆心，MD 为半径画两小弧，在 C、D、E、F 处与两大弧相切，即为水平圆的轴测投影（椭圆），如图 9-47 (d) 所示。

③ 圆角的正等测图 分析：圆角相当于四分之一圆周，因此圆角的正等测图正好是近似椭圆的四段圆弧中的一段。作图时，应注意直角法、移心法的运用，如图 9-48 所示。

【例 9-13】 已知支座的三视图，画正等测图。

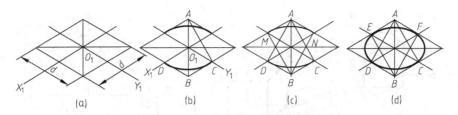

图 9-47 "四心法"作圆的正等测图

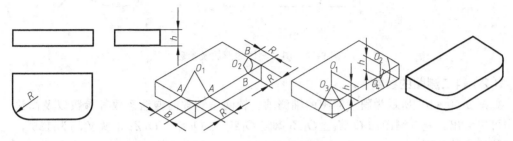

图 9-48 圆角的正等测图

分析：支座由带圆角的底板、带圆弧的竖板和圆柱凸台三部分组成。画图时可按照叠加的方法，逐个画出各部分形体的正等测图，如图 9-49 所示。

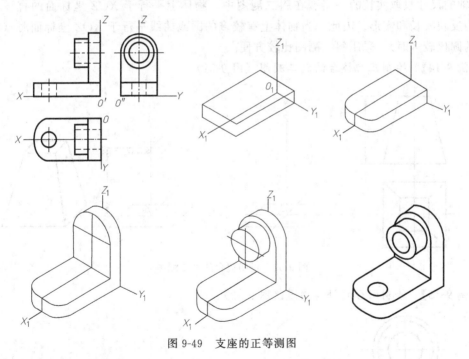

图 9-49 支座的正等测图

9.3.3 斜二测轴测图

斜二测轴测图详见 GB/T 14692—2008。

（1）斜二测图的形成

如图 9-50 （a）所示，如果物体的 XOZ 坐标面相对于轴测投影面处于平行位置，采用平行斜投影法就能得到具有立体感的轴测图，即斜二等测轴测图，简称斜二测图。

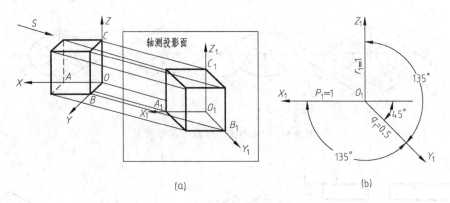

图 9-50　斜二测图的形成及参数

（2）斜二测图的参数

如图 9-50（b）所示为斜二测图的轴测轴、轴间角和轴向伸缩系数等参数以及画法。从图中可以看出，斜二测图的 $O_1X_1 \perp O_1Z_1$ 轴，O_1Y_1 与 O_1X_1、O_1Z_1 的夹角均为 $135°$，三个轴向伸缩系数分别为 $p_1 = r_1 = 1$，$q_1 = 0.5$。

（3）斜二测图的画法

斜二测图的画法与正等测图的画法基本相似，区别在于轴间角不同以及斜二测图沿 O_1Y_1 轴的尺寸只取实长的一半。在斜二测图中，物体上平行于 XOZ 坐标面的直线和平面图形均反映实长和实形。因此，当物体上有较多的圆或曲线平行于 XOZ 坐标面时（即主视图上的圆比较多时），采用斜二测图比较方便。

【**例 9-14**】　绘制正四棱台的斜二测图（图 9-51）。

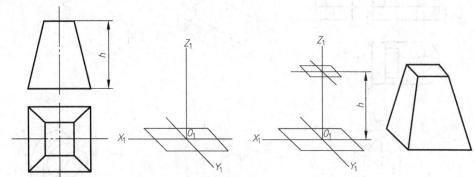

图 9-51　正四棱台的斜二测图

【**例 9-15**】　绘制圆台的斜二测图（图 9-52）。

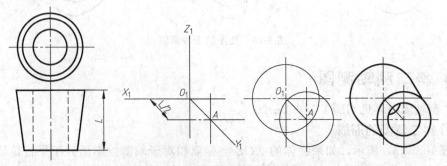

图 9-52　圆台的斜二测图

注意

只有平行于 *XOZ* 坐标面的圆，其斜二测投影才反映实形。 平行于 *XOY* 和 *YOZ* 坐标面的圆的斜二测投影都是椭圆，其画法比较复杂，本项目不作讨论。

（4）正等测图和斜二测图的比较

① 由于正等测轴测图直观、形象、立体感强，因此是最为常用的轴测图，但其中椭圆的作图比较麻烦，容易画错。

② 当空间立体的正面投影具有较多的圆或圆弧、并且在其它投影面上的投影比较简单时，采用斜二测图比较方便。

【例 9-16】 绘制端盖的轴测图。

分析：端盖的形状特点是在一个方向上的、相互平行的平面上都有圆的投影。如果采用正等测绘制，则由于椭圆数量过多而显得繁琐，因此可采用斜二测作图。作图时选择各个圆的平面投影平行于坐标面 *XOZ*，即端盖的中心轴线与 *Y* 轴重合。

具体作图方法和步骤如图 9-53（b）（c）（d）（e）（f）所示。

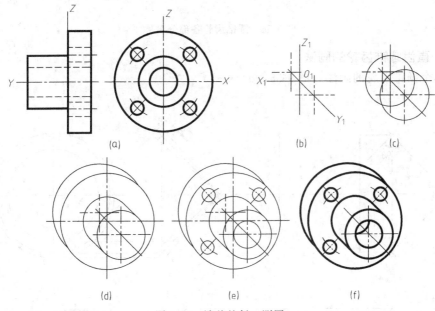

图 9-53 端盖的斜二测图

9.4 其它常用件简介

9.4.1 直齿圆锥齿轮

直齿圆锥齿轮详见 GB/T 4459.2—2003。

（1）直齿圆锥齿轮各部分名称

圆锥齿轮啮合时，两根回转轴线一般为正交，因此可将水平运动转化为垂直运动，也可将垂直运动转化为水平运动，属空间齿轮传动。由于圆锥齿轮的轮齿分布在圆锥面上，因此圆锥齿轮在齿宽范围内有大、小端之分，如图 9-54（a）所示。

为了计算和加工方便，国家标准规定以圆锥齿轮的大端模数作为标准模数。

圆锥齿轮的名称和术语可分为：齿顶圆锥面（顶锥）、齿根圆锥面（根锥）、分度圆锥面（分锥）、背锥面（背锥）、前锥面（前锥）、分度圆锥角 δ、齿高 h、齿顶高 h_a 及齿根高 h_f 等，如图 9-54（b）所示。

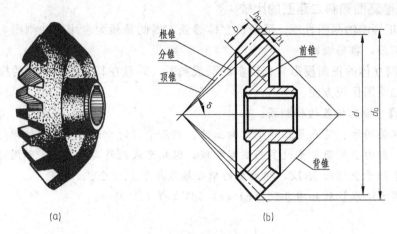

图 9-54　圆锥齿轮各部分名称

（2）直齿圆锥齿轮的画法

① 单个圆锥齿轮的画法（图 9-55，$d = mz$）

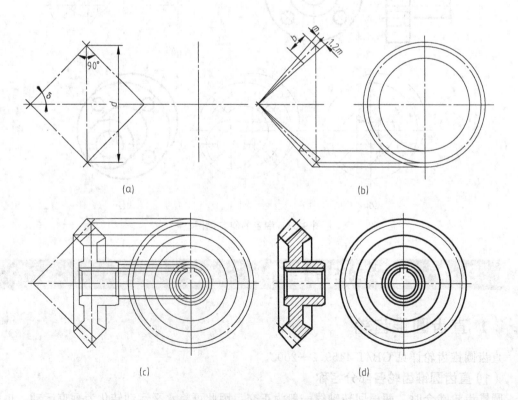

图 9-55　单个圆锥齿轮的画图步骤

② 圆锥齿轮的啮合画法（图 9-56）

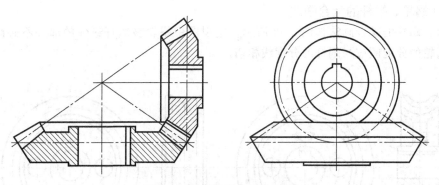

图 9-56 圆锥齿轮的啮合画法

9.4.2 蜗轮和蜗杆

蜗轮和蜗杆详见 GB/T 4459.2—2003。

蜗轮、蜗杆的空间轴线一般为垂直交叉（异位），普遍用于分度装置（如分度盘）或要求传动比大的机械传动中（如减速器）。工作时，蜗杆为主动件，蜗轮为从动件。

（1）蜗轮的规定画法

蜗轮的画法与直齿圆柱齿轮基本相同，如图 9-57 所示。在投影为圆的视图中，轮齿部分只需画出分度圆和齿顶圆，其它圆可省略不画，其余结构形状按投影绘制。

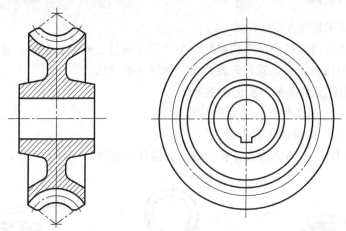

图 9-57 蜗轮的规定画法

（2）蜗杆的规定画法

蜗杆传动与圆锥齿轮传动同属空间传动，区别在于回转轴线在空间的位置不同，前者的回转轴线是交叉的，而后者是相交的。蜗杆传动常用于减速或分度装置。

蜗杆形如梯形螺杆，轴向剖面为梯形，一般用一个视图表达。蜗杆的齿顶线、分度线和齿根线画法与直齿圆柱齿轮相同，牙型可用局部剖视图或局部放大图画出，如图 9-58 所示。

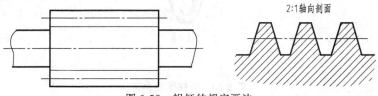

2:1轴向剖面

图 9-58 蜗杆的规定画法

（3）蜗轮、蜗杆的啮合画法

蜗轮、蜗杆的啮合画法如图 9-59 所示。主视图中蜗轮被蜗杆遮住的部分不必画出，左视图中蜗轮的分度圆应与蜗杆的分度线相切。

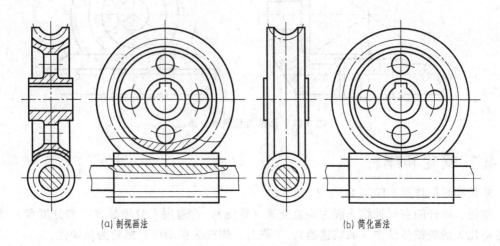

(a) 剖视画法　　　　　　　　　　(b) 简化画法

图 9-59　蜗轮、蜗杆的两种啮合画法

9.4.3 螺旋弹簧

螺旋弹簧详见 GB/T 4459.4—2003。

弹簧是机械、电器设备中的常用零件，主要用于减振、夹持、复位、储能和测量等。弹簧的种类很多，使用较多的是圆柱螺旋弹簧，如图 9-60 所示。

（1）圆柱螺旋压缩弹簧各部分的名称

① 簧丝直径 d　制造弹簧所用金属丝的直径。

② 弹簧外径 D　弹簧的最大直径。

③ 弹簧内径 D_1　弹簧的内孔直径，即弹簧的最小直径。$D_1 = D - 2d$。

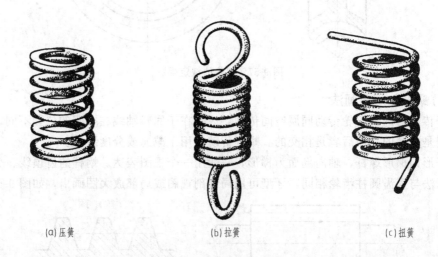

(a) 压簧　　　　　　　　(b) 拉簧　　　　　　　　(c) 扭簧

图 9-60　圆柱螺旋弹簧

④ 弹簧中径 D_2　弹簧轴剖面内簧丝中心所在柱面的直径，即弹簧的平均直径。$D_2 = (D+D_1)/2 = D_1+d = D-d$。

⑤ 有效圈数 n　保持相等节距且参与工作的圈数。

⑥ 支承圈数 n_2　为使弹簧工作平衡，端面受力均匀，制造时将弹簧两端各约 $0.75 \sim 1.25$ 圈压紧并磨出支承平面。n_2 表示两端支承圈数的总和，一般有 1.5、2、2.5 圈三种。

⑦ 总圈数 n_1　有圈数和支承圈数的总和，即 $n_1 = n+n_2$。

⑧ 节距 t　相邻两有效圈上对应点间的轴向距离。

⑨ 自由高度 H_0　未受载荷作用时的弹簧高度（或长度），$H_0 = nt+(n_2-0.5)d$。

⑩ 旋向　与螺旋线的旋向意义相同，分为左旋和右旋两种。

（2）圆柱螺旋压缩弹簧的规定画法　（图 9-61）

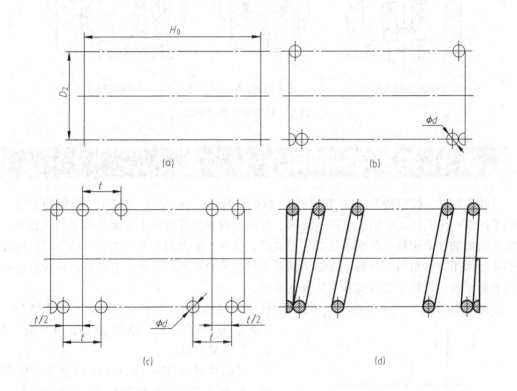

图 9-61　圆柱螺旋压缩弹簧的画图步骤

① 在平行于螺旋弹簧轴线的投影面的视图中，其各圈的轮廓应画成直线。

② 有效圈数在四圈以上时，可以每端只画出 $1 \sim 2$ 圈（支承圈除外），其余省略不画。

③ 螺旋弹簧均可画成右旋，但左旋弹簧不论画成左旋或右旋，均需注写旋向"左"字。

④ 螺旋压缩弹簧如要求两端并紧且磨平时，不论支承圈数多少均按 2.5 圈绘制。

（3）装配图中弹簧的简化画法

装配图中的弹簧可看作实心物体，因此被弹簧遮住的结构一般不画，可见部分一般画至弹簧的中径处，如图 9-62（a）、（b）所示。当簧丝直径 $\leqslant 2mm$ 时，其剖面可涂黑表示，如图 9-62（b）所示。弹簧也可采用示意画法，如图 9-62（c）所示。

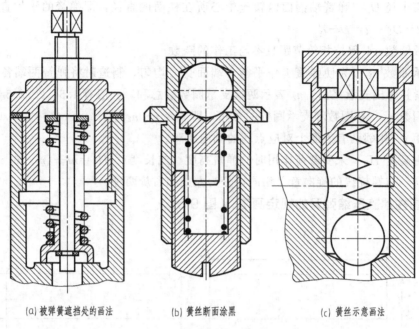

(a) 被弹簧遮挡处的画法   (b) 簧丝断面涂黑   (c) 簧丝示意画法

图 9-62　装配图中弹簧的画法

9.5　第三角画法简介

《技术制图　投影法》（GB/T 14692—2008）规定：技术图样应采用正投影法绘制，并优先采用第一角画法。中国、英国、法国、德国、俄罗斯等世界上大多数国家的工程图样都是按正投影法并采用第一角画法绘制，而美国、日本、澳大利亚及中国台湾的图样虽然按正投影法但采用第三角画法绘制。为便于国际工程技术的交流与合作，有必要对两种画法的特点都有所了解，以便于工程实际中的区别应用。

如图 9-63 所示，三个互相正交的投影面组成的投影面体系把空间分成了八个部分，每一部分为一个分角，依次为 Ⅰ、Ⅱ、Ⅲ、Ⅳ、Ⅴ、Ⅵ、Ⅶ、Ⅷ。

将机件放在第一分角（H 面之上、V 面之前、W 面之左）进行投影为第一角画法；

将机件放在第三分角（H 面之下、V 面之后、W 面之左）进行投影为第三角画法。

9.5.1　第一角画法

第一角画法详见 GB/T 14692—2008。

视图是机件向投影面投影所得的图形，主要表达机件的外部形状结构，当其在上下、左右、前后等各个方向上的形状结构都不相同时，仅用三视图表达就不够清晰、完整，因此有必要增加三个投影面以得到更多的视图完整表达机件。

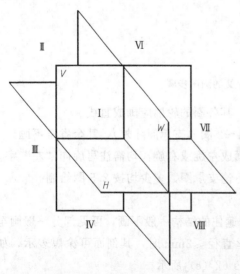

图 9-63　空间的八个分角

（1）基本视图的形成

向六个基本投影面投影所得到的视图统称为基本视图。

为了清晰、完整地表达机件六个方向的形状结构，表达时可在 H、V、W 三投影面的基础上再增加三个基本投影面，此时六个基本投影面组成了一个正方的"透明盒子"，把机件围在当中，如图 9-64（a）所示。

图 9-64（b）表示机件投影到六个基本投影面后投影面的展开方法。展开后六个基本视图的标准配置和视图名称如图 9-64（c）所示。视图按标准配置时可省略标注。

（2）投影规律

与视图的基本表达——三视图一样，机件投影后的六个基本视图仍然保持相同的投影规律，即主、俯、仰、后视图长对正，主、左、右、后视图高平齐，俯、左、仰、右视图宽相等，作图时应注意熟练地运用。另外，除了后视图，其它视图的里边（靠近主视图的一边）都表示机件的后面，外边（远离主视图的一边）都表示机件的前面，即"里后外前"。

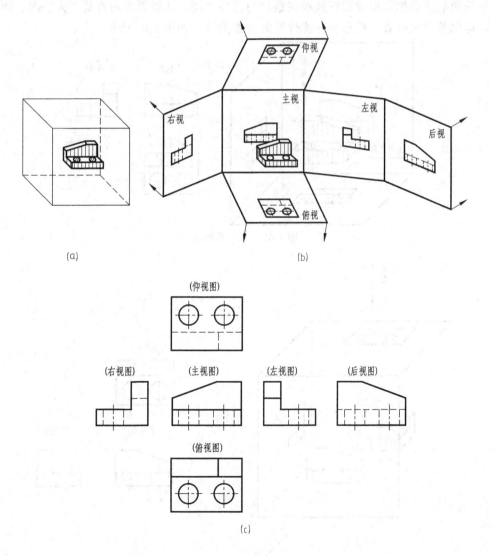

图 9-64 六个基本视图

为方便作图，可根据"轴对称"原理画六个基本视图，即主-后视图、右-左视图、仰-俯视图分别对称，作图时只需判断虚实性即可。

👆**注意**

机件虽然可以用六个基本视图表达，但具体画几个视图应根据实际情况而定。

9.5.2 第三角画法

第三角画法详见 GB/T 14693—1993。

第三角画法和第一角画法的主要区别在于人（观察者）、物（机件）、图（投影面）的位置关系不同。

第一角画法是把机件放在观察者与基本投影面之间，从投影方向看是"人、物、图"的关系，即保持"观察者→机件→投影面"的位置关系，如图 9-65 所示。

第三角画法是把基本投影面放在观察者与机件之间，从投影方向看是"人、图、物"的关系，即保持"观察者→投影面→机件"的位置关系，如图 9-66 所示。

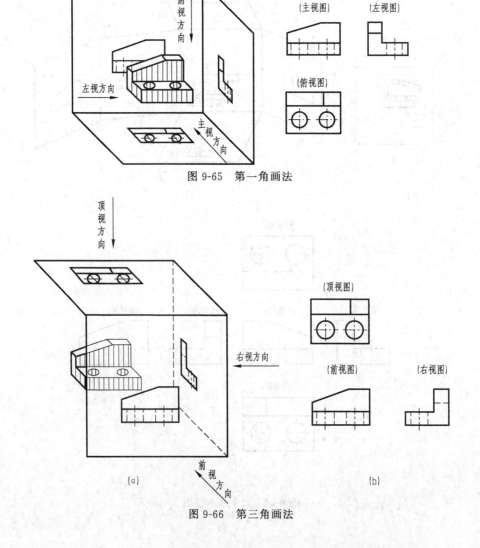

图 9-65 第一角画法

图 9-66 第三角画法

第三角画法的投影就像隔着"玻璃"看物体，将物体的轮廓形状"印"在"玻璃"（投影面）上。掌握这一形象的比喻非常重要，将给绘图、看图带来很多方便。

如图 9-66（a）所示，从前面观察物体在 V 面上得到的视图称为前视图，从上面观察物体在 H 面上得到的视图称为顶视图，从右面观察物体在 W 面上得到的视图称为右视图。

投影面的展开方法是：V 面不动，H 面向上旋转 90°，W 面向右旋转 90°，使三投影面处于同一平面内。展开后的三视图配置关系和名称如图 9-66（b）所示。

采用第三角画法时也可以将物体放在正六面体中向各投影面进行投影，得到六个基本视图，即在三视图的基础上增加了后视图（从后往前看）、左视图（从左往右看）、底视图（从下往上看），如图 9-67（a）所示。展开后的视图配置关系如图 9-67（b）所示。

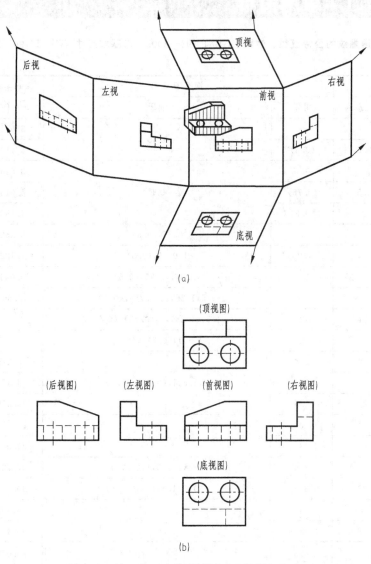

图 9-67 第三角画法投影面展开及视图的配置

附录

附录1　常用资料

附表1　普通螺纹的公称直径、螺距（GB/T 193—2003）与基本尺寸（GB/T 196—2003）摘录

mm

公称直径 D、d		螺距 P		粗牙中径 D_2、d_2	粗牙小径 D_1、d_1
第一系列	第二系列	粗牙	细牙		
3		0.5	0.35	2.675	2.459
	3.5	(0.6)		3.110	2.850
4		0.7	0.5	3.545	3.242
	4.5	(0.75)		4.013	3.688
5		0.8		4.480	4.134
6		1	0.75,(0.5)	5.350	4.917
8		1.25	1,0.75,(0.5)	7.188	6.647
10		1.5	1.25,1,0.75,(0.5)	9.026	8.376
12		1.75	1.5,1.25,1,(0.75),(0.5)	10.863	10.106
	14	2	1.5,(1.25),1,(0.75),(0.5)	12.701	11.835
16		2	1.5,1,(0.75),(0.5)	14.701	13.835
	18	2.5		16.376	15.294
20		2.5	2,1.5,1,(0.75),(0.5)	18.376	17.294
	22	2.5		20.376	19.294
24		3	2,1.5,1,(0.75)	22.051	20.752
	27	3		25.051	23.752
30		3.5	(3),2,1.5,1,(0.75)	27.727	26.211
	33	3.5	(3),2,1.5,(1),(0.75)	30.727	29.211
36		4	3,2,1.5,(1)	33.402	31.670
	39	4		36.402	34.670
42		4.5		39.077	37.129
	45	4.5	(4),3,2,1.5,(1)	42.077	40.129
48		5		44.752	42.587
	52	5		48.752	46.587

续表

公称直径 D、d		螺距 P		粗牙中径 D_2、d_2	粗牙小径 D_1、d_1
第一系列	第二系列	粗牙	细牙		
56		5.5		52.428	50.046
	60	(5.5)	4,3,2,1.5,(1)	56.428	54.046
64		6		60.103	57.505
	68	6		64.103	61.505

注：公称直径应优先采用第一系列，括号内的螺距尽可能不用。细牙普通螺纹 M14×1.25 仅用于火花塞。

附表2　六角头螺栓（GB/T 5782—2000）摘录

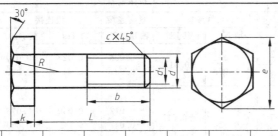

螺纹规格 d（螺栓）			M3	M4	M5	M6	M8	M10	M12	M16	M20	M24	M30
参考 b	$L \leqslant 125$		12	14	16	18	22	26	30	38	46	54	66
	$125 < L \leqslant 200$		18	20	22	24	28	32	36	44	52	60	72
	$L > 200$		31	33	35	37	41	45	49	57	65	73	85
k			2	2.8	3.5	4	5.3	6.4	7.5	10	12.5	15	18.7
e	产品等级	A	6.01	7.66	8.79	11.05	14.38	17.77	20.03	26.75	33.53	39.98	—
		B	5.88	7.55	8.63	10.89	14.2	17.59	19.85	26.17	32.95	39.55	50.85
范围 L	GB/T 5782		20～30	25～40	25～50	30～60	40～80	45～100	50～120	65～160	80～200	90～240	110～300
	GB/T 5783		6～30	8～40	10～50	12～60	16～80	20～100	25～120	30～200	40～200	50～200	60～200
L 系列	GB/T 5782		20～65（5 进位）、70～160（10 进位）、180～240（20 进位）；L 小于最小值，全螺纹										
	GB/T 5783		6、8、10、12、16、18、20～65（5 进位）、70～160（10 进位）、180～500（20 进位）										

注：1. 外螺纹均为粗牙，公差带代号为 $6g$，机械性能等级为 8.8，GB/T 5783—2000 为全螺纹六角头螺栓。

2. 产品等级：A 级用于 $d = 1.6 \sim 24$mm 和 $L \leqslant 10d$ 或 $L \leqslant 150$mm（按较小值）的螺栓；B 级用于 $d > 24$mm 或 $L > 10d$ 或 $L > 150$mm（按较小值）的螺栓。

附表3　Ⅰ型六角螺母（GB/T 6170—2000）摘录　　　　　　　　　mm

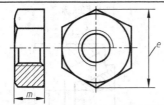

螺纹规格 D（螺母）		M3	M4	M5	M6	M8	M10	M12	M16	M20	M24	M30
e_{min}	产品等级 A、B	6.01	7.66	8.79	11.05	14.38	17.77	20.03	26.75	32.95	39.55	50.85
m_{max}		2.4	3.2	4.7	5.2	6.8	8.4	10.8	14.8	18	21.5	25.6

注：1. 内螺纹均为粗牙，公差带代号为 6H，机械性能等级为 6、8、10 级。

2. A 级用于 $D \leqslant 16$mm 的螺母，B 级用于 $D > 16$mm 的螺母。

附表4 平垫圈-A级（GB/T 97.1—2002）摘录　　　mm

规格（螺纹 d）	3	4	5	6	8	10	12	14	16	20	24	30
内径 d_1	3.2	4.3	5.3	6.4	8.4	10.5	13	15	17	21	25	31
外径 d_2	7	9	10	12	16	20	24	28	30	37	44	56
厚度 h	0.5	0.8	1	1.6	1.6	2	2.5	2.5	3	3	4	4

附表5 普通平键键槽的尺寸与公差（GB/T 1095～1096—2003）摘录　　　mm

轴径 d	键 $b \times h$	键槽									
		宽度 b						深度			
		基本尺寸	极限偏差					轴 t		毂 t_1	
			正常连接		紧密连接	松连接		基本尺寸	极限偏差	基本尺寸	极限偏差
			轴 N9	毂 JS9	轴和毂 P9	轴 H9	毂 D10				
6～8	2×2	2	−0.004 −0.029	±0.0125	−0.006 −0.031	+0.025 0	+0.060 +0.020	1.2	+0.10	1.0	+0.10
8～10	3×3	3						1.8		1.4	
10～12	4×4	4	0 −0.030	±0.015	−0.012 −0.042	+0.030 0	+0.078 +0.030	2.5		1.8	
12～17	5×5	5						3.0		2.3	
17～22	6×6	6						3.5		2.8	
22～30	8×7	8	0 −0.036	±0.018	−0.015 −0.051	+0.036 0	+0.098 +0.040	4.0		3.3	
30～38	10×8	10						5.0		3.3	
38～44	12×8	12	0 −0.043	±0.0215	−0.018 −0.061	+0.043 0	+0.120 +0.050	5.0	+0.20	3.3	+0.20
44～50	14×9	14						5.5		3.8	
50～58	16×10	16						6.0		4.3	
58～65	18×11	18						7.0		4.4	
65～75	20×12	20	0 −0.052	±0.026	−0.022 −0.074	+0.052 0	+0.149 +0.065	7.5		4.9	
75～85	22×14	22						9.0		5.4	
85～95	25×14	25						9.0		5.4	
95～110	28×16	28						10.0		6.4	
键长 L 系列	6,8,10,12,14,16,18,20,22,25,28,32,36,40,45,50,56,63,70,80,90,100,110,125, 140,160,180,200,220,250,280,320										

注：$(d-t)$ 和 $(d+t_1)$ 的极限偏差值按 t 和 t_1 的极限偏差选取，但 $(d-t)$ 的极限偏差值应取负号。

附表6 滚动轴承类型代号（GB/T 272—1995）摘录　　　mm

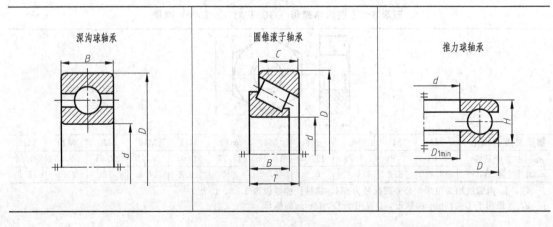

深沟球轴承　　　圆锥滚子轴承　　　推力球轴承

续表

标记示例:滚动轴承 6308 GB/T 276—1994				标记示例:滚动轴承 30209 GB/T 297—1994						标记示例:滚动轴承 51205 GB/T 301—1995				
轴承型号	d	D	B	轴承型号	d	D	B	C	T	轴承型号	d	D	H	D_{1min}
尺寸系列(02)				尺寸系列(02)						尺寸系列(12)				
6202	15	35	11	30203	17	40	12	11	13.25	51202	15	32	12	17
6203	17	40	12	30204	20	47	14	12	15.25	51203	17	35	12	19
6204	20	47	14	30205	25	52	15	13	16.25	51204	20	40	14	22
6205	25	52	15	30206	30	62	16	14	17.25	51205	25	47	15	27
6206	30	62	16	30207	35	72	17	15	18.25	51206	30	52	16	32
6207	35	72	17	30208	40	80	18	16	19.75	51207	35	62	18	37
6208	40	80	18	30209	45	85	19	16	20.75	51208	40	68	19	42
6209	45	85	19	30210	50	90	20	17	21.75	51209	45	73	20	47
6210	50	90	20	30211	55	100	21	18	22.75	51210	50	78	22	52
6211	55	100	21	30212	60	110	22	19	23.75	51211	55	90	25	57
6212	60	110	22	30213	65	120	23	20	24.75	51212	60	95	26	62
尺寸系列(03)				尺寸系列(03)						尺寸系列(13)				
6302	15	42	13	30302	15	42	13	11	14.25	51304	20	47	18	22
6303	17	47	14	30303	17	47	14	12	15.25	51305	25	52	18	27
6304	20	52	15	30304	20	52	15	13	16.25	51306	30	60	21	32
6305	25	62	17	30305	25	62	17	15	18.25	51307	35	68	24	37
6306	30	72	19	30306	30	72	19	16	20.75	51308	40	78	26	42
6307	35	80	21	30307	35	80	21	18	22.75	51309	45	85	28	47
6308	40	90	23	30308	40	90	23	20	25.25	51310	50	95	31	52
6309	45	100	25	30309	45	100	25	22	27.25	51311	55	105	35	57
6310	50	110	27	30310	50	110	27	23	29.25	51312	60	110	35	62
6311	55	120	29	30311	55	120	29	25	31.50	51313	65	115	36	67
6312	60	130	31	30312	60	130	31	26	33.50	51314	70	125	40	72
6313	65	140	33	30313	65	140	33	28	36.00	51315	75	135	44	77

附表 7　标准公差数值（GB/T 1800.1—2009）摘录

基本尺寸 /mm		标准公差等级													
		IT5	IT6	IT7	IT8	IT9	IT10	IT11	IT12	IT13	IT14	IT15	IT16	IT17	IT18
大于	至	μm							mm						
—	3	4	6	10	14	25	40	60	0.1	0.14	0.25	0.4	0.6	1	1.4
3	6	5	8	12	18	30	48	75	0.12	0.18	0.3	0.48	0.75	1.2	1.8
6	10	6	9	15	22	36	58	90	0.15	0.22	0.36	0.58	0.9	1.5	2.2
10	18	8	11	18	27	43	70	110	0.18	0.27	0.43	0.7	1.1	1.8	2.7
18	30	9	13	21	33	52	84	130	0.21	0.33	0.52	0.84	1.3	2.1	3.3
30	50	11	16	25	39	62	100	160	0.25	0.39	0.62	1	1.6	2.5	3.9
50	80	13	19	30	46	74	120	190	0.3	0.46	0.74	1.2	1.9	3	4.6
80	120	15	22	35	54	87	140	220	0.35	0.54	0.87	1.4	2.2	3.5	5.4
120	180	18	25	40	63	100	160	250	0.4	0.63	1	1.6	2.5	4	6.3
180	250	20	29	46	72	115	185	290	0.46	0.72	1.15	1.85	2.9	4.6	7.2
250	315	23	32	52	81	130	210	320	0.52	0.81	1.3	2.1	3.2	5.2	8.1
315	400	25	36	57	89	140	230	360	0.57	0.89	1.4	2.3	3.6	5.7	8.9
400	500	27	40	63	97	155	250	400	0.63	0.97	1.55	2.5	4	6.3	9.7

基本尺寸 /mm		标准公差等级													
		IT5	IT6	IT7	IT8	IT9	IT10	IT11	IT12	IT13	IT14	IT15	IT16	IT17	IT18
大于	至	μm							mm						
500	630	32	44	70	110	175	280	440	0.7	1.1	1.75	2.8	4.4	7	11
630	800	36	50	80	125	200	320	500	0.8	1.25	2	3.2	5	8	12.5
800	1000	40	56	90	140	230	360	560	0.9	1.4	2.3	3.6	5.6	9	14
1000	1250	47	66	105	165	260	420	660	1.05	1.65	2.6	4.2	6.6	10.5	16.5
1250	1600	55	78	125	195	310	500	780	1.25	1.95	3.1	5	7.8	12.5	19.5
1600	2000	65	92	150	230	370	600	920	1.5	2.3	3.7	6	9.2	15	23
2000	2500	78	110	175	280	440	700	1100	1.75	2.8	4.4	7	11	17.5	28

注: 1. 基本尺寸小于或等于 1mm 时，无 IT14 至 IT18，大于 500mm 的 IT1 至 IT5 的标准公差值为试行。

2. IT5～IT12 常用于配合表面或接触表面，IT13～IT18 常用于非配合、非接触表面或未注公差尺寸。

附表8　优先配合孔的极限偏差（GB/T 1800.4—2009）摘录　　μm

基本尺寸 mm		公　差　带											
		C	D	F	G	H				K	N	P	S	U
大于	至	11	9	8	7	7	8	9	11	7	7	7	7	7
—	3	+120 +60	+45 +20	+20 +6	+12 +2	+10 0	+14 0	+25 0	+60 0	0 −10	−4 −14	−6 −16	−14 −24	−18 −28
3	6	+145 +70	+60 +30	+28 +10	+16 +4	+12 0	+18 0	+30 0	+75 0	+3 −9	−4 −16	−8 −20	−15 −27	−19 −31
6	10	+170 +80	+76 +40	+35 +13	+20 +5	+15 0	+22 0	+36 0	+90 0	+5 −10	−4 −19	−9 −24	−17 −32	−22 −37
10	18	+205 +95	+93 +50	+43 +16	+24 +6	+18 0	+27 0	+43 0	+110 0	+6 −12	−5 −23	−11 −29	−21 −39	−26 −44
18	24	+240 +110	+117 +65	+53 +20	+28 +7	+21 0	+33 0	+52 0	+130 0	+6 −15	−7 −28	−14 −35	−27 −48	−33 −54
24	30													−40 −61
30	40	+280 +120	+142 +80	+64 +25	+34 +9	+25 0	+39 0	+62 0	+160 0	+7 −18	−8 −33	−17 −42	−34 −59	−51 −76
40	50	+290 +130												−61 −86
50	65	+330 +140	+174 +100	+76 +30	+40 +10	+30 0	+46 0	+74 0	+190 0	+9 −21	−9 −39	−21 −51	−42 −72	−76 −106
65	80	+340 +150											−48 −78	−91 −121
80	100	+390 +170	+207 +120	+90 +36	+47 +12	+35 0	+54 0	+87 0	+220 0	+10 −25	−10 −45	−24 −59	−58 −93	−111 −146
100	120	+400 +180											−66 −101	−131 −166
120	140	+450 +200											−77 −117	−155 −195
140	160	+460 +210	+245 +145	+106 +43	+54 +14	+40 0	+63 0	+100 0	+250 0	+12 −28	−12 −52	−28 −68	−85 −125	−175 −215
160	180	+480 +230											−93 −133	−195 −235

续表

基本尺寸 mm		公差带												
		C	D	F	G	H				K	N	P	S	U
大于	至	11	9	8	7	7	8	9	11	7	7	7	7	7
180	200	+530 +240											−105 −151	−219 −265
200	225	+550 +260	+285 +170	+122 +50	+61 +15	+46 0	+72 0	+115 0	+290 0	+13 −33	−14 −60	−33 −79	−113 −159	−241 −287
225	250	+570 +280											−123 −169	−267 −313
250	280	+620 +300	+320 +190	+137 +56	+69 +17	+52 0	+81 0	+130 0	+320 0	+16 −36	−14 −66	−36 −88	−138 −190	−295 −347
280	315	+650 +330											−150 −202	−330 −382
315	355	+720 +360	+350 +210	+151 +62	+75 +18	+57 0	+89 0	+140 0	+360 0	+17 −40	−16 −73	−41 −98	−169 −226	−369 −426
355	400	+760 +400											−187 −244	−414 −471
400	450	+840 +440	+385 +230	+165 +68	+83 +20	+63 0	+97 0	+155 0	+400 0	+18 −45	−17 −80	−45 −108	−209 −272	−467 −530
450	500	+880 +480											−229 −292	−517 −580

注：1. 附表 8 为国标中规定的 13 种优先配合中孔的极限偏差值。

2. 其它普通配合的极限偏差值可从有关技术制图手册中查取。

附表 9 优先配合轴的极限偏差（GB/T 1800.4—2009）摘录　　　μm

基本尺寸 mm		公差带												
		c	d	f	g	h				k	n	p	s	u
大于	至	11	9	7	6	6	7	9	11	6	6	6	6	6
—	3	−60 −120	−20 −45	−6 −16	−2 −8	0 −6	0 −10	0 −25	0 −60	+6 0	+10 +4	+12 +6	+20 +14	+24 +18
3	6	−70 −145	−30 −60	−10 −22	−4 −12	0 −8	0 −12	0 −30	0 −75	+9 +1	+16 +8	+20 +12	+27 +19	+31 +23
6	10	−80 −170	−40 −76	−13 −28	−5 −14	0 −9	0 −15	0 −36	0 −90	+10 +1	+19 +10	+24 +15	+32 +23	+37 +28
10	18	−95 −205	−50 −93	−16 −34	−6 −17	0 −11	0 −18	0 −43	0 −110	+12 +1	+23 +12	+29 +18	+39 +28	+44 +33
18	24	−110 −240	−65 −117	−20 −41	−7 −20	0 −13	0 −21	0 −52	0 −130	+15 +2	+28 +15	+35 +22	+48 +35	+54 +41
24	30													+61 +48
30	40	−120 −280	−80 −142	−25 −50	−9 −25	0 −16	0 −25	0 −62	0 −160	+18 +2	+33 +17	+42 +26	+59 +43	+76 +60
40	50	−130 −290												+86 +70
50	65	−140 −330	−100 −174	−30 −60	−10 −29	0 −19	0 −30	0 −74	0 −190	+21 +2	+39 +20	+51 +32	+72 +53	+106 +87
65	80	−150 −340											+78 +59	+121 +102

续表

基本尺寸 mm		公差带											
		c	d	f	g	h				k	n	p	s	u
大于	至	11	9	7	6	6	7	9	11	6	6	6	6	6
80	100	−170 −390	−120 −207	−36 −71	−12 −34	0 −22	0 −35	0 −87	0 −220	+25 +3	+45 +23	+59 +37	+93 +71	+146 +124
100	120	−180 −400											+101 +79	+166 +144
120	140	−200 −450	−145 −245	−43 −83	−14 −39	0 −25	0 −40	0 −100	0 −250	+28 +3	+52 +27	+68 +43	+117 +92	+195 +170
140	160	−210 −460											+125 +100	+215 +190
160	180	−230 −480											+133 +108	+235 +210
180	200	−240 −530	−170 −285	−50 −96	−15 −44	0 −29	0 −46	0 −115	0 −290	+33 +4	+60 +31	+79 +50	+151 +122	+265 +236
200	225	−260 −550											+159 +130	+287 +258
225	250	−280 −570											+169 +140	+313 +284
250	280	−300 −620	−190 −320	−56 −108	−17 −49	0 −32	0 −52	0 −130	0 −320	+36 +4	+66 +34	+88 +56	+190 +158	+347 +315
280	315	−330 −650											+202 +170	+382 +352
315	355	−360 −720	−210 −350	−62 −119	−18 −54	0 −36	0 −57	0 −140	0 −360	+40 +4	+73 +37	+98 +62	+226 +190	+426 +390
355	400	−400 −760											+244 +208	+471 +435
400	450	−440 −840	−230 −385	−68 −131	−20 −60	0 −40	0 −63	0 −155	0 −400	+45 +5	+80 +40	+108 +68	+272 +232	+530 +490
450	500	−480 −880											+292 +252	+580 +540

注：1. 附表 9 为国标中规定的 13 种优先配合中轴的极限偏差值。

　　2. 其它普通配合的极限偏差值可从有关技术制图手册中查取。

附表 10　优先配合选用说明（GB/T 1800—2009）

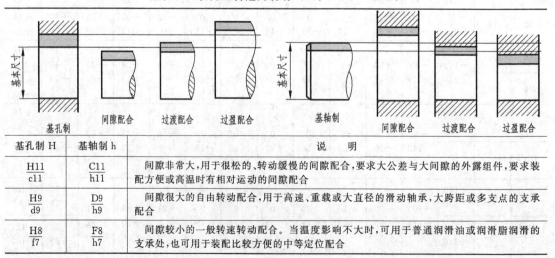

基孔制 H	基轴制 h	说　明
$\dfrac{H11}{c11}$	$\dfrac{C11}{h11}$	间隙非常大，用于很松的、转动缓慢的间隙配合，要求大公差与大间隙的外露组件，要求装配方便或高温时有相对运动的间隙配合
$\dfrac{H9}{d9}$	$\dfrac{D9}{h9}$	间隙很大的自由转动配合，用于高速、重载或大直径的滑动轴承，大跨距或多支点的支承配合
$\dfrac{H8}{f7}$	$\dfrac{F8}{h7}$	间隙较小的一般转速转动配合。当温度影响不大时，可用于普通润滑油或润滑脂润滑的支承处，也可用于装配比较方便的中等定位配合

续表

基孔制 H	基轴制 h	说　明
$\dfrac{H7}{g6}$	$\dfrac{G7}{h6}$	间隙很小的滑动配合,用于不回转的精密滑动配合或缓慢回转的精密配合
$\dfrac{H7}{h6}$ $\dfrac{H8}{h8}$ $\dfrac{H9}{h9}$ $\dfrac{H11}{h11}$	$\dfrac{H7}{h6}$ $\dfrac{H8}{h8}$ $\dfrac{H9}{h9}$ $\dfrac{H11}{h11}$	均为间隙定位配合,零件可自由装拆,工作时通常为静止状态,用于不同精度要求的一般定位配合或缓慢运动的间隙配合。在最大实体条件下的间隙为零,最小实体条件下的间隙由公差等级确定
$\dfrac{H7}{k6}$	$\dfrac{K7}{h6}$	装配方便的过渡配合,用于稍有振动的定位配合,加紧固件可传递一定的载荷
$\dfrac{H7}{n6}$	$\dfrac{N7}{h6}$	不易装拆的过渡配合,用于允许有较大过盈的精密定位或紧密组件的配合,加键能传递大转矩或承受冲击载荷
$\dfrac{H7}{p6}$	$\dfrac{P7}{h6}$	过盈定位配合,为小过盈配合,能以最好的定位精度达到部件的刚性以及对中的性能要求。装配时可用锤子或压力机将轴压入孔内
$\dfrac{H7}{s6}$	$\dfrac{S7}{h6}$	中等压力配合,在传递较小转矩或轴向力时无需加紧固件。若承受较大载荷或动载荷时应加紧固件。装配时可用压力机或热胀孔(局部加热)、冷缩轴法
$\dfrac{H7}{u6}$	$\dfrac{U7}{h6}$	压力配合,不加紧固件能传递和承受较大的转矩和动载荷。装配时可用热胀孔(局部加热)、冷缩轴法

注:1. 一般情况下优先采用基孔制,特殊情况下允许采用基轴制。

2. 常规配合可根据该附表国家标准所规定的基孔制、基轴制各 13 种优先确定。

附表 11　常用金属材料牌号及用途

名称	牌号	应用举例
普通碳素结构钢 GB/T 700—1988	Q215 Q235	塑性较高,强度较低,焊接性能好,用于制造各种板材及型钢、制作工程结构或机器中受力不大的零件,如螺钉、螺母、垫圈、吊钩、拉杆等。也可渗碳,制作不重要的渗碳零件
	Q275	强度较高,用于制造承受中等应力的普通零件,如紧固件、吊钩、拉杆等。也可经热处理后制造不重要的轴类零件 牌号含义:Q275 表示普通碳素结构钢,屈服强度为275MPa
优质碳素结构钢 GB/T 699—1999	15 20	塑性、韧性、焊接性和冷冲性很好,但强度较低,用于制造受力不大但韧性要求较高的紧固件、渗碳零件及不要求热处理的低负荷零件,如螺栓、螺钉、拉杆、法兰盘等
	45	用于制造强度要求较高、韧性要求适中的零件,如齿轮、齿条、链轮或直轴、曲轴等,通常需要进行调质或正火处理。经高频表面淬火后可替代渗碳钢制造齿轮、轴、活塞销等零件,是应用最广的金属材料
	65	一般经淬火后中温回火,具有较高的表面硬度和强度以及较好的弹性,用于制造凸轮、轴、紧固件以及小尺寸弹簧等 牌号含义:65 表示含碳量为 65% 的优质碳素结构钢
	65Mn	性能与 65 钢相似,用于制造耐磨的圆盘、齿轮、花键轴、弹簧等 牌号含义:65Mn 表示含碳量为 65% 、含锰量≤1.5% 的碳素结构钢
合金结构钢 GB/T 3077—1999	20Cr	用于渗碳零件,制造受力不大、强度要求不高的耐磨零件,如机床齿轮、齿轮轴、蜗杆、凸轮、活塞销等
	40Cr	用于制造中等截面、力学性能要求比碳素钢高的重要调质零件,如齿轮、直轴、曲轴、连杆、螺栓等
	35SiMn	耐磨性好,抗疲劳能力强,用于制造小型轴类、齿轮以及 430℃ 以下工作的重要紧固件等
	20CrMnTi	工艺性能特优,强度、韧性均高,用于制造承受高速、中等或重负荷以及冲击、磨损等的重要零件,如渗碳齿轮、凸轮等
铸钢 GB/T 11352—1989	ZG230-450	用于铸造平坦零件,如机座、机盖、箱体、450℃ 以下工作的管路附件等 牌号含义:ZG230-450 表示铸钢,屈服强度230MPa,抗拉强度450MPa
	ZG310-570	用于制造各种形状的零件,如联轴器、齿轮、汽缸、轴、曲轴、承重梁、机架等

续表

名称	牌号	应用举例
灰铸铁 GB/T 9439—1988	HT150	用于制造承受中等应力的一般零件,如支柱、底座、刀架、端盖、阀体、齿轮箱、工作台、管路附件等
	HT200 HT250	用于制造承受较大应力的比较重要的零件,如缸体、齿轮、机座、飞轮、床身、缸套、活塞、刹车轮、联轴器、齿轮箱、轴承座等
球墨铸铁 GB/T 1348—1988	QT400-15	具有较高的韧性和塑性,用于制造受压阀门、机器底座、壳体等
	QY600-3	具有较高的强度和耐磨性,用于制造曲轴、连杆、齿轮、活塞等

附表 12　金属材料的常用热处理方法 (GB/T 7232—1999、JB/T 8555—1997)

名称	代号	说　明	目　的
退火	5111	将钢件加热到适当温度后保温一段时间,再以一定速度缓慢冷却(炉冷)	实现钢件在性能和显微组织上的预期变化,如细化晶粒、消除应力等,并为下道工序进行显微组织准备
正火	5121	将钢件加热到临界温度以上保温一段时间,然后在空气中冷却(空冷)	调整钢件的硬度,细化晶粒,改善加工性能,为淬火或球化退火做好显微组织准备
淬火	5131	将钢件加热到临界温度以上保温一段时间,然后急剧冷却(油冷或水冷)	提高钢件强度及耐磨性,但淬火后引起内应力,使钢变脆,所以淬火后必须回火
回火	5141	将淬火后的钢件重新加热到临界温度以下某一温度,保温一段时间冷却	降低钢件淬火后的内应力和脆性,保证其尺寸稳定性
调质	5151	淬火后在 500~700℃进行高温回火	提高零件的韧性及强度。机器中或部件中重要的齿轮、轴及丝杠等零件需调质
感应加热淬火	5132	用高频电流将零件表面迅速加热到临界温度以上,急剧冷却	提高零件表面的硬度及耐磨性,但芯部仍保持一定的韧性,使零件既耐磨又能承受冲击,常用于重要齿轮的热处理
渗碳直接淬火	5311g	将零件在渗碳剂中加热,使碳渗入其表面后再淬火回火	提高零件表面的硬度、耐磨性以及抗拉强度,适用于低碳结构钢的中小型零件
渗氮	5330	将零件放入氨气内加热,使渗氮工作表面获得氮强化层	提高零件表面的硬度、耐磨性、疲劳强度和抗腐蚀能力,适用于合金钢、碳钢、铸铁,如机床主轴、丝杠、液压零件等
时效处理	时效	机件精加工前加热到 100~150℃后保温 5~20h,然后在空气中冷却(铸件采用天然时效方法(露天一年以上)	消除零件的内应力,稳定零件的形状和尺寸,常用于处理精密机件,如精密轴承、精密丝杠等
发蓝发黑	发蓝或发黑	将零件置于氧化性介质内加热氧化,使其表面形成一层氧化铁保护膜	常用于零件的防腐蚀、美化等场合,如用于螺纹连接件的表面处理
镀镍	镀镍	用电解方法在零件表面镀一层镍	常用于零件的防腐蚀、美化等场合,如用于金属装饰件的表面处理
镀铬	镀铬	用电解方法在零件表面镀一层铬	提高机件表面的硬度、耐磨性和耐蚀能力,也可用于修复零件表面上的磨损
硬度	HB(布氏硬度) HRC(洛氏硬度) HV(维氏硬度)	材料抵抗硬物压入其表面的能力即为硬度。依测定方法的不同分别有布氏硬度、洛氏硬度、维氏硬度	常用于检验材料经热处理后的硬度。HB 用于退火、正火、调质的零件或铸件,HRC 用于淬火、回火、表面渗碳、渗氮的零件,HV 用于薄层硬化零件

附录 2　意见反馈

教师意见反馈表

姓名		手机		学校	
E-mail				部门	

意见反馈(单选、复选均可)。衷心感谢您的大力支持和帮助!

1. 您认为工程图样中_____是教学重点。

a. 看零件图 　　　b. 画零件图 　　　c. 看装配图 　　　d. 画装配图

2. 您认为四大典型零件中_____是教学重点。

a. 轴套类 　　　b. 盘盖类 　　　c. 叉架类 　　　d. 箱体类

3. 您认为视图绘制中_____是教学重点。

a. 基本视图 　　　b. 剖视图 　　　c. 断面图 　　　d. 表达方法的合理运用

4. 您认为尺寸标注中_____是教学重点。

a. 国家标准的运用 　　　　　　b. 尺寸基准的确定

c. 合理性 　　　　　　d. 清晰美观

5. 您认为技术要求中_____是教学重点。

a. 极限与配合 　　　b. 形状与位置公差 　　　c. 表面粗糙度 　　　d. 材料和热处理

6. 您认为零件图的教学中_____是教学重点。

a. 看零件图 　　　b. 画零件图 　　　c. 零件测绘 　　　d. 尺寸与技术要求

7. 您认为装配图的教学中_____是教学重点。

a. 看装配图 　　　b. 画装配图 　　　c. 部件测绘 　　　d. 拆画零件

8. 您认为本教材中项目的设置_____。

a. 合理 　　　b. 基本合理 　　　c. 一般 　　　d. 不合理

9. 您认为本教材中知识点的编排_____。

a. 合理 　　　b. 基本合理 　　　c. 一般 　　　d. 不合理

10. 您认为本教材中的亮点是_____。

a. 项目设置 　　　b. 内容编排 　　　c. 载体选择 　　　d. 图文并茂 　　　e. 几乎没有

11. 您认为本教材的整体质量_____。

a. 优秀 　　　b. 良好 　　　c. 一般 　　　d. 较差 　　　e. 很差

12. 您认为本教材中应该强化的教学内容是_____。

a. 看图 　　　b. 画图 　　　c. 测绘 　　　d. 项目 　　　e. 载体

13. 您认为习题集中应该强化的行动内容是_____。

a. 组合体视图 　　　b. 看零件图 　　　c. 画零件图 　　　d. 看装配图 　　　e. 画装配图

您认为本教材存在的主要问题是什么?应增删什么项目内容?有什么更好的建议?

答:

注:本文稿可登录 http://jdgcx/stiei/edu/cn 查取,回信至 20070470@stiei.edu.cn,谢谢!

学生意见反馈表

姓名		手机		学校	
E-mail				部门	

意见反馈(单选、复选均可)。衷心感谢你的大力支持和帮助!

1. 你认为在制图环节_____是教学重点。

a. 看图   b. 画图   c. 测绘   d. 计算机绘图

2. 你在制图环节中存在的最大问题是_____。

a. 看图能力   b. 画图能力   c. 空间想象能力   d. 图样表达能力

3. 你在手工绘图中遇到的最大问题是_____。

a. 布图和视图表达   b. 尺寸标注   c. 技术要求标注   d. 图样的清晰、合理、美观

4. 你认为视图表达中比较常用的是_____。

a. 基本视图   b. 剖视图   c. 断面图   d. 表达方法的合理运用

5. 你认为尺寸标注中比较困难的是_____。

a. 国家标准的运用   b. 尺寸基准的确定   c. 合理性   d. 清晰美观

6. 你认为标准件或常用件中比较难画的是_____。

a. 螺纹结构   b. 齿轮   c. 滚动轴承   d. 普通平键

7. 你认为技术要求中比较重要的是_____。

a. 极限与配合   b. 形状与位置公差   c. 表面粗糙度   d. 材料和热处理

8. 你认为本教材中项目的设置_____。

a. 合理   b. 基本合理   c. 一般   d. 不合理

9. 你认为本教材中知识点的编排_____。

a. 合理   b. 基本合理   c. 一般   d. 不合理

10. 你认为本教材中的亮点是_____。

a. 项目设置   b. 内容编排   c. 载体选择   d. 图文并茂   e. 几乎没有

11. 你认为本教材的整体质量_____。

a. 优秀   b. 良好   c. 一般   d. 较差   e. 很差

12. 你认为本教材中应该强化的教学内容是_____。

a. 看图   b. 画图   c. 测绘   d. 项目   e. 载体

13. 你认为习题集中应该强化的行动内容是_____。

a. 组合体视图   b. 看零件图   c. 画零件图   d. 看装配图   e. 画装配图

你认为制图教学中存在的主要问题是什么? 学习中遇到的困难是什么? 有什么建议?

答:

注:本文稿可登录 http://jdgcx.stiei.edu.cn 查取,回信至 20070470@stiei.edu.cn,谢谢!

参 考 文 献

[1] 张信群. 机械制图. 合肥：合肥工业大学出版社，2012.

[2] 王冰. 工程制图. 北京：高等教育出版社，2012.

[3] 钱可强. 机械制图. 北京：高等教育出版社，2013.

[4] 吴宗泽. 机械设计实用手册. 北京：化学工业出版社，2010.

[5] 全国技术产品文件标准汇编：机械制图卷. 北京：中国标准出版社，2007.

[6] GB/T 131—2006：技术产品文件-表面结构表示法. 北京：中国标准出版社，2007.

参考文献